Wolf Ollrog

EIN QUANTUM LEBEN

SANTIAGO VERLAG

Bibliografische Information der Deutschen Bibliothek:
Die Deutsche Bibliothek verzeichnet diese Publikation in der
Deutschen Nationalbibliografie; detaillierte bibliografische Daten
sind im Internet über <http://dnb.ddb.de> abrufbar.

© 2014 Wolf Ollrog, Mühltal
Für diese Buchausgabe:
© 2014 SANTIAGO VERLAG Joachim Duderstadt e.K.
Asperheide 88   D 47574 Goch
Tel.   02827 5843
Fax: 02827 5842
EMail: mail@ santiagoverlag.de
www.santiagoverlag.de

Umschlaggestaltung: Sarah Well, Welldesign, Goch
unter Verwendung von: Fotografie/Illustration: © kubais - Fotolia.com

Gesamtherstellung: buchwerft Breitschuh & Kock GmbH, Kiel
Printed in Germany EEC

1. Auflage 2014
Alle Rechte vorbehalten

ISBN 978-3-937212-64-7

Inhalt

Durch die Ehrfurcht vor dem Leben
werden wir
auf eine elementare, tiefe und lebendige Weise
fromm.

(Schlusssatz der Rede Albert Schweitzers
bei der Entgegennahme
des Friedensnobelpreises 1954 in Oslo)

Einleitung: Nichts als leben

Aufs Ganze betrachtet ist Leben nicht viel wert. Jeder Mensch, jedes Lebewesen ist nur ein Tröpfchen im Ozean des Lebendigen. Auf den Einzelnen kommt es überhaupt nicht an. Auf dieser Erde, vermutlich auch im ganzen Kosmos, herrscht ein unerschöpfliches Gewimmel und ein unaufhörliches Kommen und Gehen des Lebendigen. Wo vorher etwas Platz gefunden hatte, wartet Neues schon darauf, es zu ersetzen. Geräuschlos wird das Leben ausgetauscht und schnell vergessen.

Von Nahem besehen verhält es sich ganz anders. Im Blick auf das Einzelne und den Einzelnen geht es im Kern nur und immer um dieses eine: Leben. Leben will leben. Das betrifft alles, was lebt, und es betrifft insbesondere menschliches Leben. Es gibt nichts Größeres, nichts Kostbareres, das Menschen mit sich tragen und weitergeben können. Alle Kraft, alle Energie, aller Überlebenswille und Erfindungsgeist sind auf dieses Quäntchen Leben konzentriert. Alles kreist um dieses Thema: Wie kann ich leben und überleben? Wie finde ich in diesem Leben einen richtigen Platz für mich? Und wie gelingt mein Leben?

Alles beginnt damit, dass ich leben darf. Ich werde gezeugt, ich niste mich ein, ich wachse und habe es gemütlich. Ich habe es gut, ich muss nichts dafür tun. Ich lebe mitten im Leben, das mich nährt und schützt. Ich werde gehalten und getragen vom Leben. Ich nehme das wie selbstverständlich. *Ich werde gelebt.*

Später muss ich selber dafür sorgen, mein Leben zu gestalten und voranzubringen. Aber ich könnte es nicht, wenn da nicht eine Kraft in mir steckte, die mich wie alles Leben von selbst voran bewegt, die wesentlich größer, wesentlich stabiler ist als mein eigenes Wollen oder Können. Denn *ich bin selbst Leben.* In mir rauscht und weht das Leben selbst, eine nahezu unerschöpfliche Kraft. Es ist eine Kraft, die weitgehend im Verborgenen wirkt, die mir meist gar nicht bewusst ist. Aber von Mal zu Mal nehme ich voller Erstaunen wahr, was da in mir atmet und pocht und brodelt und stürmt und begehrt. Was sich sehnt und wünscht und hofft. Und auch, was mich ängstigt, wütend, traurig und verzweifelt macht.

Das Leben treibt mich voran, es bläst mir ohne Ende Kraft und Antrieb ein. Wenn ich aus der Puste bin, macht es weiter mit mir. Wenn ich denke, dass ich nicht mehr kann, gibt es nicht auf. Ganz von selbst lässt es mich wachsen und groß werden, entwickelt sich in mir, steuert meine Bedürfnisse, hält mich auf Trapp, sorgt dafür, dass mein Körper gesund bleibt. Manchmal findet es nur unter erschwerten Bedingungen weiter, muss sich gegen Hunger und Durst, Kälte und

Schlaflosigkeit, Krankheit und Behinderung, Angst und Schutzlosigkeit behaupten. Manchmal stellen sich meinem Leben lebensfeindliche Widerstände und äußere Bedrohungen in den Weg. Manchmal stehe ich mir selbst im Weg und mache mir das Leben selbst beschwerlich und zur Qual. Aber das Leben in mir lässt sich nicht leicht unterkriegen. Es hat seine eigene Dynamik, es will weiter, will Luft bekommen und sich freimachen, will sich durchsetzen.

Um Leben geht es in diesem Buch, um mein Leben, das Leben der anderen, das Leben überhaupt. Um jenes Quantum Leben, das im globalen Maßstab, verglichen mit der Überfülle des überall wuchernden Lebendigen, belanglos erscheint, aber individuell einzigartig ist. Um jenes Allerwesentlichste, das wir besitzen, das uns verbindet, das uns alle ermöglicht und in Schwung hält. Um jenes Leben, das in meinen Adern pulst, das mir die Lungen bläht, in meinen Augen glänzt, in meinen Ohren singt, in meinen Gliedern zuckt und kribbelt und mir durchs Hirn tanzt. Überall bin ich umgeben, umwirbelt, mitgerissen von Leben; im Wind, in Stille und Weite. Es ist immer da. Es lässt mich werden und hält mich in Gang. Es trägt und beseelt mich längst, eh ich es verstehe.

Die folgenden Kapitel sind mein Bekenntnis zum Leben. Sie berichten von meinem Glauben an das Leben, das mich erfüllt, das mich sein und atmen lässt, das mich durchströmt, an dem alles hängt. Ich möchte davon erzählen, wie ich überall eingebettet bin in dieses Größere, in das Leben, wie es zu mir kommt, mich ermächtigt, mich bewegt, mir die Richtung gibt.

Wenn im Christentum von „Gott als dem Schöpfer" oder vom „lebendigen Gott" gesprochen wird, findet darin diese Grund-Erfahrung Ausdruck: Gott spendet das Leben. Gott ermächtigt zum Leben. Er ist das Leben. Und gleichzeitig beschreibt es die Überzeugung: Das Leben ist ein Geschenk. Ich selbst bin ein Geschöpf des Lebens.

In dichter, metaphorischer Sprache ist das ein Bekenntnis zum Leben. Rede ich hier vom Leben, meine ich damit allerdings nichts Abstraktes, das ich nur glaubend erfassen und das ich mir erst aneignen müsste. Dass mich Leben umfängt und sein lässt, ist für mich keine metaphorische Behauptung. Sondern es betrifft etwas ganz Greifbares, jederzeit Spürbares. Ich selbst *bin* Leben und stamme aus Leben, das mir vorgegeben ist, das mich ermöglicht, das mich wie alles andere Leben umfasst und kräftigt. Aus diesem Grund ist es nicht schwer, mich zum Leben zu bekennen. Denn das Leben ist da, in mir, und es umgibt mich von allen Seiten.

Von dieser Lebenskraft soll die Rede sein. Davon, wie sie mich durchzieht und antreibt, und wie ich ihr Raum gebe, in mir selbst und über mich hinaus. Ich muss nicht religiös sein, ich muss kein Christ sein, um die mir und allem Lebendigen innewohnende Lebensenergie erfahren und verstehen zu können. Ich brauche nur hinzuschauen, hinzufühlen. Jeder Mensch ist von dieser Kraft ergriffen. In schier unendlichen Varianten entfaltet sie sich dauernd neu, im Großen und im Kleinen, innerhalb und außerhalb von mir. Sie bläst mir selbst den Atem ein, von Anfang bis Ende. Ohne sie bin ich nicht.

Seit ich bin, erfüllt mich Leben, von Anfang an. Ich schaue dabei zuerst auf das, was meinem Leben vorausläuft, mit dem mich das Leben gewissermaßen begrüßt, wenn ich auf seine Bühne trete. Zwar trete ich nackt auf diese Bühne, bin auch lange angewiesen auf Menschen, die für mich da sind, die mich begleiten und bekleiden. Aber ich bin lebendig. Ich bin ausgestattet mit etwas ganz Unwiderstehlichem: mit einem Drang zum Leben, mit einer manchmal höchst lautstarken, eigenwilligen Kraft und Energie, von der alle Eltern zu erzählen wissen.

Die Kraft zum Leben ist meine Grundausstattung, wenn ich geboren werde. Ich bekomme sie gratis in den Reiserucksack gepackt. Es handelt sich nicht um eine Fähigkeit, die ich mir erwerbe, um eine Leistung, die ich zu erbringen hätte. Ich muss sie mir nicht erarbeiten. Ich brauche sie nicht einmal zu bejahen. Die Kraft zum Leben wird mir mitgegeben als eine existentielle Ermöglichung und Ermächtigung, als ein Fundamentalwissen, als ein Grundgefühl, ein mich jederzeit und überall befeuernder Antrieb, und zwar ohne Verdienst und Würdigkeit, ganz unabhängig davon, wer ich bin und was ich daraus mache. Jeder Mensch, auch der scheinbar unwichtigste, besitzt sie Ermächtigung zum Leben sozusagen als persönliches Inventar. Jeder wird davon bewegt, bei Tag und bei Nacht.

Ausgestattet mit Leben in Fülle gehen viele Menschen mit ihren Ressourcen allerdings luschig um, verbrauchen sie ohne Rücksicht auf sich und andere, ohne Blick aufs Ganze. Sie verhalten sich, als wüssten sie nicht zu schätzen, über was sie verfügen. Ihrer Anbindung an das Leben nicht bewusst, verlieren sie den Anschluss an die anderen und den Anschluss an sich selbst. Sie bleiben unter ihren Möglichkeiten, die das Leben für sie bereithält. Je länger desto deutlicher leben sie auf reduziertem Energie-Niveau.

Denn es macht einen erheblichen Unterschied, ob ich der mir geschenkten Lebensenergie zustimme, ob ich in sie einstimme und ihren Schwung nutze, oder ob ich mich nur durchs Leben treiben und trudeln lasse; oder ob ich mich womöglich dem Leben versperre und es behindere.

Soll Leben gedeihen, soll es sich entwickeln und weitergeben, dann geht es immer neu darum, sich an die Lebenskraft anzukoppeln. Das ist die Kernfrage für gelingendes Leben, für Gesundheit oder Krankheit, für Sinnerfüllung oder innere Leere: Wie komme ich mit meinem Leben in Fluss und wie bleibe ich im Fluss? Wie gebe ich dem Leben eine Heimat in mir selbst? Und wie beheimate ich mich im Leben? Wie finde ich einen guten Platz im Leben?

Zu diesen Fragen trage ich in den folgenden Kapiteln Gedanken und Einsichten zusammen, so wie ich sie in vielen Jahren therapeutischer Arbeit gewonnen habe. Betrachte ich mein eigenes Leben und meine Arbeit, kann ich nicht besser und verständlicher ausdrücken, was mir den Antrieb für mein Leben gibt und worin ich daraufhin meine Lebensaufgabe gesehen habe und sehe: Es geht darum, *dem Leben Platz zu schaffen*, in welcher Form auch immer, ihm Recht zu geben und Raum zu bieten, ein Vertrauter, ein Vermittler, ein „Diener des Lebens" sein.

Diese Aufgabe betrifft mein eigenes Leben und ebenso auch jenes, das mich umgibt. Und es geht immer um etwas ganz Naheliegendes, Konkretes, jedem Menschen Zugängliches.

Dabei fühle ich mich im Gespräch mit jener großen Zahl von Menschen, die sich (wenn auch

13

nicht immer bewusst und gezielt) nach erfülltem, verantwortetem Leben sehnen, mit denen ich unter Schülern und Studierenden oder im Rahmen von Beratung und Therapie zu tun hatte. Vielen von ihnen sind die religiösen und kirchlichen Antworten auf den Sinn des Lebens suspekt geworden. Sie empfinden sie als unverständlich, überhöht und weltfremd. Ihnen fühle ich mich besonders verbunden. Mit diesen Menschen hatte ich mein Leben lang hauptsächlich zu tun.

Sie haben mich gelehrt, eine „nicht-religiöse Sprache" (Dietrich Bonhoeffer) zu sprechen. Sie haben mich auch genötigt, inhaltlich nachvollziehbar und kompatibel mit den Lebenserfahrungen von Menschen des zwanzigsten bzw. einundzwanzigsten Jahrhunderts umzugehen. Das war und ist auch in diesem Buch mein Anliegen: konkret, erfahrbar und verständlich zu sprechen.

Rede ich vom Leben, bediene ich mich einer Sprache, die jeder versteht. Jeder kennt das Leben. Jeder ist Teil des Lebens. Jeder hat seine Geschichte mit dem Leben. Jeder ist gezeichnet von Leben, äußerlich und innerlich.

Dem Leben Raum zu schaffen – was das konkret bedeutet, für meinen Alltag, das ist also mein Thema. Dieses Thema ist fraglos ein zentrales Anliegen religiösen Denkens und Handelns. Und es besitzt im Kontext der Religionen ein tiefes Erfahrungswissen, auf das auch viele Menschen zurückgreifen. Aber es ist kein Privileg der religiös Gebundenen. Besonders existentiell begegnet es Menschen, wenn sie Eltern werden. Darüber hinaus bildet es auch die Grundlage für viele der sogenannten sozialen Berufe. Und natürlich bestimmt es für viele andere Menschen mit unterschiedlichsten Berufen und Beschäftigungen ebenfalls den Sinn ihrer Arbeit und letztlich ihres Daseins.

Allerdings, will jemand, wie immer er lebt und arbeitet, sich an diesem Maßstab messen, wie er dem Leben Raum gibt, dann ist damit keineswegs eine Allerweltsfrage angesprochen, auf die es Allerweltsantworten gäbe. Es ist eine Frage, die auf das Wesentliche schaut, nach dem, was über den Tag hinaus gut tut und was nicht nur mir Leben ermöglicht, sondern dem Leben insgesamt zustimmt; Leben, das mich und alle mitnimmt, das die Erlaubnis hat, zu treiben und aufzugehen und zu blühen. Das in Bewegung bringt, was hakt, das ermuntert, was verzagt. Das ist die Frage: *Dient, was ich tue und lasse,* was mir die Tage füllt und womit ich meine Brötchen verdiene, *dem Leben?*

So unendlich viele Geschichten das Leben bereithält, so variantenreich Menschen das Leben interpretieren, so vielfältig sie leben und arbeiten, für jeden stellt sich, sei es offen, sei es nur indirekt oder versteckt, die Frage, in welchem Maße sein eigenes Leben dem Leben insgesamt Platz schafft. Will man dabei die Geister scheiden oder will man sich selbst Rechenschaft ablegen, ist das der Maßstab: *Was dient dem Leben?*

Natürlich bezieht sich die Aufgabe, Leben zu schenken, Leben zu hegen, Leben zu schützen, Leben zu entfalten immer zuerst auf mich selbst. Wie gebe ich selbst dem Leben in mir Raum? Darüber hinaus beschäftigt sie mich im Blick auf die Menschen, die mir anvertraut sind, die mir nahestehen, die mir wichtig sind und denen ich wichtig bin. Aber dem Leben Platz zu machen, ist eine Aufgabe, die über meinen persönlichen Erfahrungshorizont hinausgeht. Sie nimmt mich unweigerlich hinein in einen größeren Zusammenhang. Dem Leben dienlich zu sein ist ein umfassendes, ein globales Thema, das sich überall stellt, wo Leben lebt. Es betrifft das menschliche Zusammenleben insgesamt, und es betrifft auch die Tiere und die Natur auf dieser Erde, es betrifft den ganzen lebendigen Kosmos.

Was dient dem Leben? Es ist offensichtlich, dass Menschen diese Frage unterschiedlich beantworten. Unweigerlich führt sie auf ein weites, vor allem auch politisches Feld. Was Leben ist, wie es zu sein hat, was ihm gut tut, ist ein höchst kontroverses, von politischen und ökonomischen Interessen, von Macht und Geld, von Konsum und Kommerz beherrschtes Thema. Niemand befindet sich in einem Schonraum. Davon wird noch zu

reden sein. Eine ungleiche Verteilung der Lebens-
ressourcen, unterschiedliche Lebensbedingungen
und ungerechte Zugangsmöglichkeiten zum Leben
versetzen Menschen in sehr unterschiedliche Aus-
gangspositionen. Für die einen geht's ums Überleben, für die andern um die Verwaltung ihres
Überflusses. Zugleich sind beide Opfer des gleichen Systems, das ihnen den Rahmen setzt, jenes
von Jahrzehnt zu Jahrzehnt sich mehr – und
überall auf der Welt – ausbreitenden, krakenhaft
alles umschlingenden, alles unterwandernden
Kapitalismus, der alle Menschen offen und versteckt beherrscht und der uns Leben als Ware
anbietet. Er gaukelt uns vor, wir könnten das Leben kaufen, wenn wir nur die nötigen Mittel dazu
besitzen. An jeder Ecke dienen sich Verkäufer an,
die behaupten, dem Leben zu dienen. Vor allem
solche schreien laut, die daran *ver*dienen. Sie reden vom Leben und machen uns ihre Produkte
schmackhaft. Jeden Tag werden wir mit dem Ar-
gument geködert, dass wir alles Mögliche unbedingt zum Leben brauchten.

Leben – das will jeder, danach giert jeder, das
gibt's allerorten im Angebot. Um welches Leben
soll es also gehen? Was ist dem Leben wirklich
dienlich?

In diesem Buch steige ich zunächst am persönlichen Ende des Themas ein, wissend, dass
das andere Ende, die politische Dimension, sich

immer dahinter auftut, und im Bewusstsein, dass beide Enden zum gleichen Faden gehören. Ich schaue hin und frage, unter welchen Bedingungen Leben für den einzelnen Menschen gedeihen kann. Ich setze da an, wo es jeden persönlich angeht und wo er selber tätig werden kann und muss, weil es ihn selbst und jeden einzelnen betrifft. Eh ich auf das Ganze schaue, nehme ich mich selbst unter die Lupe. Ich frage konkret: Was bedeutet es für mich, dass mein Leben gelingt und dass das, was ich tue, dem Leben insgesamt dient?

Zuallererst ist Leben eine Frage der Selbstvergewisserung. Doch bin ich überzeugt, dass mein Wohlergehen und das aller zusammengehören, dass sie sich entsprechen müssen. Was kurzfristig nur dem Einzelnen oder einer Minderheit nützt, erweist sich langfristig als zerstörerisch. Es dient, wie sich der Einzelne verhält, letztlich erst dadurch dem Leben, dass es für alle stimmig ist. Wenn auch sein Beitrag klein ist, geht es immer beim Einzelnen los; deshalb ist er absolut wichtig. Denn wer sich bewegt, bewegt auch diese Welt, wenn auch nur ein bisschen. Für die Gesamtheit mag es äußerst wenig sein, für den Einzelnen hängt alles daran.

Das nachhaltige Gedeihen des Lebens, wie etwas zugleich dem Einzelnen und der Gesamtheit gut tut, ist letztlich der Maßstab, an dem man die Geister scheiden muss, an dem das Schädliche vom Förderlichen, das Gute vom Bösen, das Erlaubte vom nicht Erlaubten zu trennen ist. Alle Beschreibungen dessen, was unserem Leben Sinn gibt und was wir daraus machen, müssen nach meiner Überzeugung ihre Berechtigung daran ausweisen, wie sie diesem Grundsatz gerecht werden: ob und wie sie *dem Leben in seiner Gesamtheit dienlich* sind.

Dabei bin ich überzeugt: Dieser Maßstab ist schlicht und umfassend zugleich. Er ist unmittelbar für jeden zugänglich und verständlich. Er steht jedem offen und kann jederzeit praktiziert werden. Er ist ganz einfach.

Wer dem Leben dienlich sein will, der muss dem Leben in seiner Ganzheit abhorchen, was es ihm sagt. Der benötigt eine innere Offenheit für das, was Leben braucht, mein Leben und das Leben aller. Er öffnet sich dem Leben in seiner Fülle. Er stimmt dem Leben zu. Er stimmt mit ihm ein, singt sein Lied, findet einen Platz im Chor des Lebendigen. Er weiß sich *in Dienst genommen vom Großen Ganzen*, das das Leben ermöglicht. Er weiß sich eingebunden in einen größeren, ihm vorgegebenen, Leben schaffenden und Leben ermöglichenden Zusammenhang. Ohne diesen Zusammenhang kann ich mein Leben nicht finden und entfalten. Davon wird ausführlich zu reden sein.

Diesen größeren Zusammenhang beschreiben Christen und andere mit dem Begriff „Gott". Es ist ein vielschichtiger, schillernder Begriff, der sehr unterschiedliche Füllung besitzen kann. Er bedarf einer genauen Klärung. So viel sei vorweg gesagt: Rede ich im Folgenden von „Gott", dann so, dass er für mich der Inbegriff des Lebens, ein Synonym für das Leben in seiner Gesamtheit ist. In diesem Sinne kann ich sagen: Dem Leben zu dienen ist für mich der wirkliche „Gottes-Dienst", weil „Gott dienen" und „dem Leben dienen" für mich identische Aussagen sind. Das Leben zu fördern, weiterzugeben, zu schützen, zu heilen ist für mich das Kriterium meines Glaubens.

Alles das an meinem Verhalten, was den Fluss des Lebens, so wie er auf der Erde Gestalt angenommen hat, unterstützt, was ihm achtungsvoll seinen Lauf lässt, was sich dankbar einbettet ins Ganze und was also dem Leben dienlich ist, bildet für mich Sinn und Ziel meines Lebens. Ich nenne deshalb meine Einsichten und Vorstellungen eine Theologie des Lebens, oder, wenn ich es nicht religiös formuliere, eine Philosophie des Lebens.

Wenn ich mich daranmache, genauer zu beschreiben, was es konkret heißt, dem Leben dienlich zu sein, ihm Raum zu geben, dann öffnet sich mir – unterhalb der Rahmenbedingungen, die mir Umwelt und Gesellschaft setzen – ein mehrschichtiges Terrain. Exemplifiziere ich es an mir selbst und betrachte ich mein eigenes Leben, dann geht es nie nur um das, was gerade da ist oder was ich im Moment daraus mache; sondern es geht immer zugleich darum, was war und was sein wird.

Mit dem Leben bekomme ich es immer auf *drei Ebenen* zu tun: es umfasst *zuerst* das, was hinter mir liegt, was ich übernommen, ererbt und selbst erfahren habe. Es besteht *zum Zweiten* aus dem, was ich, angesichts einerseits der Möglichkeiten und Bedingungen, die ich mitbringe, andererseits der Verhältnisse, die sich mir entgegenstellen, damit anfange, wie ich also jetzt lebe und was ich konkret aus mir (und meiner Welt) mache. Es liegt *drittens* aber auch vor mir als das, was mir für mein eigenes Leben aufgegeben ist, welche Visionen mich antreiben, worauf zu ich mich bewege. Auf allen drei Ebenen kann ich das Leben gewinnen oder verspielen.

Diese drei Aspekte: das anzunehmen, woher ich komme, dem Ausdruck zu geben, was ich bin, und dem offen entgegenzugehen, was ich werden kann, bilden für mich einen inneren Spannungsbogen für mein Leben und meine Überzeugungen. Bekenne ich mich zum Leben, beschreibe ich nicht nur, was ich bin, sondern auch, wie ich geworden bin und was ich sein kann und soll. Insofern sind meine Lebenspraxis und meine Überzeugungen zugleich vorgegeben und unfertig; sie kommen von weit her und sind doch offen und in

Bewegung. Ihre *Kraft* gewinnen sie nach meiner Überzeugung daraus, in welchem Maße ich dem *zustimme*, woher ich komme, wer ich geworden bin und wohin ich gehe.

Stehe ich mit *meiner Vergangenheit* auf Kriegsfuß, mit dem, was ich getan habe und wie ich geworden bin, bin ich wie ein Baum mit schwächlichen Wurzeln; dann steht mein Leben auf wackligen Beinen, es fehlt ihm die Verankerung, ich bin haltlos und unstet.

Sage ich nicht Ja zu dem, was ich tue, bin ich nicht einig mit mir, mit dem, was ist, also mit meiner *Gegenwart*, gebe ich folglich meinem Leben keine klare Richtung, entscheide ich mich nicht, dann schwanke ich wie ein Baum im Wind; ich bekomme keine Kontur, ich drehe und biege mich mit jeder Bewegung, die von außen kommt, gewinne keine Klarheit, und manchmal knicke ich ab.

Stimme ich dem nicht zu, was vor mir liegt, was ich zu tun habe, meiner *Zukunft*, den Möglichkeiten, die mir das Leben erlaubt, der Offenheit für das Neue, bin ich wie ein Baum, der keine Blätter und Früchte mehr treibt, ich verkümmere und habe keinen Lebensantrieb mehr.

Mit meiner *Vergangenheit* geht alles los. Sie liegt nicht einfach hinter mir, ist nicht einfach abgetan. Sie ist vielmehr die Bedingung für meine Gegenwart und Zukunft – im Kleinen wie im Großen. Was ich aus meiner Vergangenheit an Lebenskraft und Lebensbehinderung mitbekommen habe, gibt meinem Leben seinen *primären Sinn*. Ich bekomme es gratis mitgegeben.

Wie ich in meiner Gegenwart jeweils damit umgehe, was ich größer werdend und für mich selbst Verantwortung tragend daraus mache, nenne ich den *sekundären Sinn* meines Lebens. Es ist jener Sinn, den ich mir selber gebe und erarbeite.

Worauf zu ich lebe, welche Phantasien und Ziele mich beflügeln, welche Ängste mich ausbremsen, bezeichne ich sodann als den *tertiären Sinn* des Lebens. Es geht um das, was mir Hoffnung macht und nimmt.

Wenn ich im Folgenden darüber nachdenke, was meinem und jedem Leben Raum gibt, was meinem und jedem Leben dient, beschränke ich mich auf den primären Sinn des Lebens, nämlich jene Aspekte des Lebens, die mich grundsätzlich betreffen, die mir den Rahmen setzen, die das Leben selbst definiert, die mir und jedem Leben bereits in die Wiege gelegt werden.

Ich nehme damit einen Aspekt in den Blick, den viele Menschen kaum beachten. Wenn sie von ihrem Leben sprechen, dann meinen sie in der Regel das, was ihnen von Mal zu Mal widerfährt, was sie tagtäglich erleben, was sie beschäftigt, was gerade anliegt. Ich schaue hier auf das, was mir vorausläuft, was ich als äußere und innere Ausrüstung mit in mein Leben nehme.

Es geht mir also um die Grundlage von allem, und wie ich sie annehmen (oder verwerfen) kann. Es geht, vorweggenommen, darum, dem zuzustimmen, woher ich komme, oder anders gesagt: zu dem Leben ja zu sagen, das da ist. Mit diesem Satz fasse ich meine Einsicht über meinen primären Daseinssinn (und damit zugleich über meine sich daraus ableitenden Lebensaufgaben) zusammen. Ich werde im Folgenden erläutern, was das für mich heißt: *Ich stimme meinem Leben zu.*

Dieser Satz ist für mich weit mehr als eine formale Aussage. Er beschreibt für mich vielmehr die basislegende Bedingung, damit mir das Leben gelingen kann. Bei erstem Hinhören mag das einfach klingen. Aber zu dem Ja zu sagen, was mir mitgegeben wurde, körperlich, geistig, emotional, was ich von meinen Eltern und Vorfahren beigepackt bekam, ist, wie jeder Mensch weiß, alles andere als eine Selbstverständlichkeit oder ein Allgemeinplatz. Ganz im Gegenteil. Es ist ein lebenslanges Thema. Es fordert mir ab, mich auch mit jenen Dingen anzufreunden, die ich ganz und gar nicht haben will. Es beschreibt aber auch das Bemühen, bei mir selbst anzukommen, authentisch zu werden, mich mit dem, was war (und ebenso dem, was ist und was sein kann) auszusöhnen.

Im folgenden ersten Kapitel werde ich zunächst über die Grundlage meines Lebens nachdenken, über das Ja zu meinem Sein, das mich ermächtigt, zu leben. Danach, im zweiten Kapitel, geht es mir um meine konkrete Einbindung in meine Herkunft, mein Verhältnis zu meinen Eltern und Vorfahren. Im dritten Kapitel handle ich darüber, dass ich als Teil des Großen Ganzen in der Welt einen guten Platz habe und geborgen bin. Im vierten und fünften Kapitel betrachte ich die Konsequenzen, die sich daraus für meinen Umgang mit den Mitmenschen, der Mitkreatur und der Natur ergeben. In den letzten drei Kapiteln schließlich geht es um jene Beeinträchtigungen und Lebensbremsen, die dem Leben seinen Raum und Elan nehmen, den äußeren und den inneren, und um die Ermächtigung, dem eigenen Leben zu trauen, wie eingeschränkt und unscheinbar es auch sein mag.

Noch eine kurze Bemerkung zum Schluss. In die folgenden Kapitel habe ich des Öfteren Gedichte eingefügt. Sie begleiten mich durch mein Leben, sie haben sich mir aufgedrängt. Sie helfen mir, meine Gedanken zu verdichten. Für mich ist mein Leben, nein, das Leben überhaupt, voller Poesie – das einfache ebenso wie das schwere. In seiner Fülle, in seiner Kraft, kommt es mir im poetischen Gewand besonders nah. Gedichte oder Gedichtsequenzen setze ich im Folgenden kursiv; ist kein Verfasser angegeben, stammen sie von mir.

Jasagen zu mir selbst

Ich bin da, ich existiere, ich bin angekommen. Deshalb darf ich sein, darf leben. Das ist das Erste, Größte, Wichtigste, was über mich zu sagen ist, was mich als Mensch – und alles Leben sonst – bestimmt. Von diesem Glauben bin ich überzeugt: Was da ist, darf auch sein. Das Leben hat ihm Platz geschafft. Ich bin berechtigt da zu sein, zu leben. Mir, der geboren ist, der lebt, hat dieses Leben sein „Du darfst" gesagt.

Das Leben lebt in mir, gibt mir mein Sein, gibt mir sein Ja; es stimmt mir zu, gibt mir Erlaubnis da zu sein. Dies Jawort, sein zu dürfen, ist für mich selbst und ebenso für jedes Wesen, das sich seiner selbst bewusst ist, der Anfang und die Basis unsres Seins. Ohne diese Berechtigung zu leben wäre ich nichts. Ohne dieses Ja kann ich nicht sein. Es ist ein Grundbedürfnis allen Lebens. Ich brauche, dass ich leben kann, dies innere Wissen, diese Überzeugung, dieses Recht: *Ich darf sein.*

So ist mein Glaube, mein Bekenntnis. Es steht wie eine Überschrift mit großen Lettern über mir: Du darfst. Du, der du bist, darfst sein und du darfst leben. Du, weil du bist, bist ein Geschenk des Lebens. Das Leben gab dir Platz. *Du bist erwünscht.* Zweifle nicht, du bist willkommen, bist gewollt! Das Leben gibt dir Raum. Du darfst darauf vertrauen. Du hast einen Platz im Verbund des Lebenden.

Das sind große Sätze! Ich bin dem Leben recht – wie jedes andre Leben auch. Nicht, als ob ich nun die Garantie zum Überleben besäße; nicht als ob ich bevorzugt unter seinem ganz besonderen Schutz stünde. Allein dies gilt: Ich hab das Recht zu leben. So gilt es mir und gilt es generell: Weil Leben ist, darf es auch sein. Es ist berechtigt da zu sein. Wenn etwas lebt, trägt es das Lebensrecht, das Ja des Lebens, in sich selbst – weil es nun lebt. Ich brauche keine tiefere Begründung, es gibt auch keine.

Ich lese diese Einsicht und Gewissheit ab an der Milliardenjahrgeschichte allen Lebens auf der Erde, der ein Planet des Lebens ist. Sie lautet schlicht: Das Leben greift sich Raum, wo es ihn findet. Leben will sein. Und darum darf es sein. Es springt mich an, im Kleinen und im Großen, beim Öffnen meiner Augen, in jedem Augenblick.

Wohin ich schaue, sehe ich das Gleiche: Das Leben schafft sich Platz und will auch weiterleben. Wenn ich ins Freie gehe, die Natur betrachte, klingt dieses Lied in meinen Ohren: Hier wird gelebt! Ich sehe es, wo immer ich Lebendiges betrachte. Es strebt von selbst und überall nach Leben, es pflanzt sich fort, entfaltet sich, es wandelt sich und passt sich an, es repariert Beschädigtes, entwickelt neue Überlebensstrategien. Es dehnt, wenn man es lässt, sich weiter aus. Was auch auf dieser Erde ist, es ist aufs Leben, Weiterleben ausgerichtet.

Ich kann das Leben sehen, hören, riechen, fühlen und bestaunen. Ich sehe es auch an mir selbst. Ich fühle es in allen Adern fließen. Ich spüre es für mich als Kraft in allen Gliedern. Der Drang zu leben ist mir ganz vertraut. Er sorgt dafür, dass alles an mir funktioniert, meist völlig unbewusst. Doch hält er alles an mir in Betrieb. Selbst wenn ich schlafe, mehr, selbst wenn mich Ohnmacht überfällt, wenn ich im Koma liege, will ich leben. Und wenn ich krank bin, sorgt der gleiche Drang dafür, dass ich genese. Das alles spricht zu mir die gleiche Sprache: Vertrau darauf, was immer mit dir ist: Leben will sein und leben. Genauso du. Und deshalb darfst du leben!

Ich muss nichts dafür tun, ich muss es nicht verdienen und nicht glauben; ich spüre es. Ich muss mir diese Einsicht nicht erarbeiten. Sie fließt mir zu mit jedem Atemzug. Ganz unverdient. Ich fühle keine Anstrengung damit verbunden. Es ist ein Wissen, eine Überzeugung. Ich sehe hin und weiß: Mir ist das Leben eingehaucht, jetzt bin ich da. Und deshalb bin ich gut genug für dieses Leben.

Wie immer auch mein Weg ins Leben lief, wie es zu meiner Zeugung kam, was meine Zeit im Leibe meiner Mutter mir bescherte, wie die Geburt verlief und wie danach die Jahre meines Wachsens und Entwickelns, zunächst gilt dies: Ich bin ein Kind des Lebens. Das Leben selbst hat einen Weg in mir gesucht. Es hat wie eine Höhere Macht mir zugestimmt. Ich, der ich lebe, bin *ein Bekenntnis des Lebens zu sich selbst.*

Meine Eltern waren die Vermittler, die Weiterträger, Überbringer. Das war sehr viel. Davon wird noch zu reden sein. Doch gilt zuerst: Nicht sie haben mein Leben gemacht. Sie gaben weiter, was sie ihrerseits bekamen. Das Leben hat sie dafür ausgerüstet. Es hat sie sich in Dienst gestellt, Leben weiter zu transportieren, es hat sich ihrer bedient. Nun ist es bei mir angekommen.

Ich bin da

Ich bin
Ich bin da
Hier bin ich

Schaut mich an
Ich bin da ich bin da
Ich bin bei euch angekommen

Ich bin da
Das Leben lacht euch
In mir entgegen
Ich bin ein Kind des Lebens
Ich bin ein Geschenk des Himmels
Ich bin da

Kinder fragen sich manchmal: Bin ich gewollt? Bin ich erwünscht? Bin ich nur ein Unglücksfall? Manche Eltern haben gezweifelt, ob sie ihr Kind wollten. Sie haben geschwankt, ob sie es nicht abtreiben sollten. Manchmal scheint ihnen die Aufgabe zu groß. Oder zu unpassend. Oder sie glauben, nicht den richtigen Partner zu haben. Die Umstände, die Eltern, der Partner, die eigene Lebensplanung streuen Zweifel. Aber der Körper sagt ja. Er zeugt. Er wird schwanger. Er ist ohne Skrupel. Er kümmert sich überhaupt nicht um diese Einwände. Der Körper sagt: Ich bin bereit. Ich will dich.

Gewiss, manchmal nimmt er seine Zustimmung wieder zurück, eh das Kind geboren ist. Aber weil und wenn ich dann doch gekommen bin, hat meine Mutter ja zu mir gesagt. Vielleicht nicht ihr Kopf, womöglich nicht mal ihr Herz. Aber ihr Körper, der mich nährte. Und auch mein Vater hat ja gesagt. Vielleicht nicht sein Kopf, womöglich nicht mal sein Herz. Aber sein Körper, der für die Befruchtung sorgte.

Unser Körper hat seine eigene, tiefer liegende Wahrheit. Er lehrt uns, dass sich das Leben auch ohne unsere Zustimmung seinen Weg bahnen kann. Dass es nicht zuerst darauf ankommt, ob mein Verstand, meine Einsicht, mein Verantwortungsgefühl sich zum Leben entscheiden, so wünschenswert das auch ist. Das Leben ist viel größer, viel älter. Unser Körper als der evolutionsgeschichtlich älteste Teil unseres Seins folgt älteren Gesetzen und Bedürfnissen als unser Bewusstsein.

Das Leben benötigt zu seiner Reproduktion nicht unbedingt mein ausgesprochenes und persönliches Jawort. Es braucht nicht einmal meine Verantwortung. Beide sind dienlich. Aber nicht not-wendig. Sie fördern oder behindern das Leben. Aber sie schaffen es nicht.

Man mag das schockierend finden. Es ist grausam und beeinträchtigend für ein Kind, wenn es erfährt, dass es eigentlich nicht erwünscht war. Wenn Eltern ihren Kindern sagen: Hätte ich dich bloß nicht bekommen! Deinetwegen ist mein Leben ruiniert! Du bist eine Last für mich! Ich wollte dich gar nicht! Oder wenn sie ihren Kindern Gewalt antun, sie vernachlässigen, keine Liebe für sie haben, sie für sich ausbeuten.

Aber es ist auch tröstlich, zu wissen, dass das Leben größer ist als das, was meine Eltern daraus machten. Das Ja zum Leben, unter welchen schwierigen, vielleicht schrecklichen Umständen ich auch zur Welt kam oder aufwuchs, hängt im Letzten nicht von meinen Eltern ab; es ist grundsätzlicher. Es ist der unüberhörbare, ewige Schrei des Lebens selbst, der mir die Stimme verlieh, es ist das Ja des Lebens zu sich selbst, das mich atmen lässt. Dem Leben bin ich erwünscht. In mir feiert sich das Leben.

In wunderbarer, poetischer Weise hat der libanesische Dichter und Philosoph Khalil Gibran (1883-1931) diesen Gedanken allen Eltern zugerufen:

„Eure Kinder sind nicht eure Kinder.
Sie sind die Söhne und Töchter
der Sehnsucht des Lebens
nach sich selber.
Sie kommen durch euch,
aber nicht von euch,
und obwohl sie mit euch sind,
gehören sie euch doch nicht."

Das Ja, auf das ich mich berufe, kommt von weit her. Ich nenne das in traditioneller, religiöser Sprache: Es ist das Ja „Gottes" zu mir. Es gilt mir und ebenso allem, was lebt. Das Christentum kleidet diese Einsicht in die eingängige Metapher: Ich bin „Gottes Kind". Ich habe mich nicht selbst gemacht, auch meine Eltern haben mich nicht gemacht. Ich bin ein Geschöpf Gottes. Ich bekam mein Leben geschenkt. Und ob mich dabei die äußeren Umstände begünstigen oder benachteiligen, darum schert sich das Leben überhaupt nicht.

Das ist gut so. Nur so kann Leben weitergehen. Es bedarf keiner Voraussetzungen, außer dass meine Eltern diesem Leben Raum geben. Darum nehmen auch Kinder es ihren Eltern nicht übel, wenn sie unter harten Bedingungen zur Welt kamen. Es reicht, dass sie ihren Platz finden. Kinder brauchen zum Leben nichts geboten zu bekommen, schon gar nichts Materielles. Solche Gedanken sind erst eine Verirrung der modernen Überflussgesellschaft. Es reicht, wenn sie willkommen sind. Und selbst wenn uns, im schlimmsten Fall, ein Elternteil oder am Ende sogar beide nicht begrüßen konnten oder wollten: dann begrüßt uns – auf seine inklusive, Fakten schaffende Weise – das Leben an sich: Hallo! Da bist du ja! Schön, dass du da bist! Du gehörst dazu! Dem Leben jedenfalls bist du erwünscht!

Dieses Jawort kann mir niemand nehmen. Es gehört zu mir. Es steckt in mir als unveräußerliche Würde. Nicht weil ich es mir verdient hätte, nicht weil ich ein anständiger Mensch bin. Sondern weil das Leben selbst in mir zutage tritt, ganz unabhängig davon, wie ich es gestalte. Diese Einsicht formuliert auch unser Grundgesetz, wenn es vor allen Regeln und Geboten diesen großen Satz setzt: Die Würde des Menschen ist unantastbar.

Das Ja, das mein Leben trägt, ist ein umfassendes Ja. Es ist ein Ja zu jedem Leben. Es umschließt das Ja zum Gelungenen ebenso wie zum Missratenen. Zum Beispielhaften ebenso wie zum Verabscheuungswürdigen. Zum Guten und auch zum Bösen. Es fragt überhaupt nicht nach

Gut und Böse. Grundsätzlich darf alles sein, was ist. Woher ich auch komme, aus dem Verbrecherhaus eines Nazi-Mörders, aus dem der opportunistischen Mitläuferin, aus dem Haus eines Holocaust-Opfers oder dem eines Widerstandskämpfers – wir sind angesichts des Lebens, religiös gesprochen: vor „Gott", alle gleich. Grundsätzlich ist jedes Leben, ist jeder Mensch willkommen. Das Leben, sinnbildlich gesprochen, begrüßt uns: Du darfst sein. Du gehörst dazu.

So sehr die von ihren Eltern gezeugten und geborenen Kinder unentrinnbar teil haben am Schicksal derer, von denen sie herkommen, so große oder geringe Chancen sie später besaßen, ihr eigenes Geschick zum Guten oder zum Bösen zu gestalten, so bedingungslos sind sie als Kinder des Lebens in diese Welt gelangt. Sie sind „Kinder Gottes", mit gleicher Wichtigkeit ausgestattet, mit gleichem Recht auf einen Platz unter allen anderen, die sind, versehen, mit gleichem Recht auf ihr Leben und Gedeihen beschenkt.

Das möchte nicht jeder gern hören. Viele möchten unterscheiden zwischen den Guten und den Bösen. Sich selber zu den Guten zählend möchten sie den Bösen das Lebensrecht absprechen. Aber das Lebensrecht ist unteilbar. Das Leben wird geschenkt ohne Ansehen der Person.

Allerdings startet nicht jeder vom gleichen Platz ins Leben. Für den einen sind die Bedingungen viel härter als für den anderen. Der eine hat viel Raum um sich, der andere wenig. Der eine steht im Licht, der andere im Schatten. Dem einen fällt alles zu, oder es wird ihm alles leicht gemacht, der andere muss um jeden Atemzug kämpfen. Manchen wird alles nachgeworfen, anderen das Leben zur Qual gemacht. Dem einen verlangt das Leben alles ab, der andere schmarotzt sich durch. In seinen Zugaben ist das Leben höchst unterschiedlich und höchst zufällig. Und es ist überhaupt nicht gerecht.

klage

geboren
zur falschen zeit
am falschen ort
den falschen menschen
ausgeliefert
führe ich klage

ungefragt
ohne recht
eingepasst
wie es ihnen einfiel
widerfährt mir
unrecht

laut
und leise
schreie ich
nur
mein echo
kommt zurück

Die Natur antwortet auf ihre Weise: Mancher Baum steht bequem auf fettem Boden direkt am Wasser in der freien Sonne und kann sich in alle Richtungen ausbreiten; ein anderer eingeklemmt, aber geschützt zwischen vielen anderen im Wald, ein dritter in dürrer, karger Landschaft ohne Schutz, ein vierter am Felshang festgeklammert – so, wie der Same fiel. Kein Baum beklagt sich und macht den Spender seines Samens oder den Boden, auf dem er wächst, für seine Benachteiligung verantwortlich. Aber jeder kann seine Chance ergreifen und wachsen, so lange und so weit er eben kann.

Wie unterschiedlich einer ins Leben tritt, wie ungerecht die Umstände verteilt scheinen, die ihm im Vergleich zu anderen aufgenötigt sind, er hat nur dieses Recht: sich zu entfalten. Er darf seine Chance nutzen. Er trägt die grundsätzliche Ermächtigung in sich, etwas daraus zu machen.

Gerechte oder gerechtere Bedingungen zu schaffen auf der Welt, das ist mit Sicherheit eine große, drängende Aufgabe, die jeden Menschen angeht, die jedem aufgeht, der ins Leben tritt und feststellt, wie ungleich die Voraussetzungen verteilt sind. Doch erst einmal gilt dies: Du hast das Recht, dein Leben zu entfalten, etwas draus zu machen, die Möglichkeiten, die die du hast, beim Schopf zu fassen.

Manchmal kann einer diese Einsicht nicht finden: Du bist erwünscht. Du darfst sein. Du gehörst dazu. Du darfst dich entfalten. Er hadert vielleicht mit sich, mit den anderen, mit dem Schicksal. Er klagt vielleicht: Warum kann ich nicht sein wie ein Baum auf fettem Grund an reichen Wassern? Manchmal gibt sich einer auf, kann oder will die Kraft aus den Wurzeln, denen er sich verdankt, nicht oder nicht mehr ziehen und schneidet sich selbst ab vom Lebenssaft. Manchmal erschöpft einer seine Kraft darin, die Ungerechtigkeit zu beklagen und die anderen, die gesellschaftlichen Umstände, die politischen Bedingungen, die ungerechte Verteilung der Güter auf der Welt, das kapitalistische Ausbeutungssystem, oder auch seine Eltern und Vorfahren für das erfahrene Elend verantwortlich zu machen. Er sieht sich als Opfer und macht sich zum Ankläger und Verfolger. Er nutzt seine Kräfte nicht dazu, seine Situation zu verändern, sondern er ist auf der Suche nach dem Schuldigen für seine Benachteiligung, ist nach hinten gewandt und bleibt an der Vergangenheit kleben. Er schaut auf das, was er nicht hat und was ihm andere nahmen oder verwehrten und büßt so die Lust am Leben ein und verbittert.

Den Trostlosen, den Zweiflern, den Verbitterten ist der Blick ins Weite abhandengekommen. Sie starren auf ihre Defizite, ihre verpassten Chancen, ihre Unvollkommenheit, und wollen nicht sehen, dass sie längst vom Leben willkommen geheißen wurden. Unbarmherzig machen sie sich nieder, während das Leben ihnen doch ohne jede Vorleistung erlaubt, sich aufzurichten.

Mein Leben wird aber nicht erst dann wertvoll, wenn ich etwas Bestimmtes daraus mache, wenn ich etwas leiste, gute Ziele erreiche – so wünschenswert das wäre. Sondern es trägt seinen Sinn in sich, auch wenn es noch gar nicht entwickelt ist, auch schon im Mutterleib, schon vor dem ersten Wimpernschlag, oder wenn es unansehnlich, behindert oder beschädigt ist. Und auch, wenn ich mich verrenne. Ich muss nichts leisten, um mir das Recht zu erwerben, leben zu dürfen.

Was ich dann daraus mache, ist meine und eine andere Sache. Ich kann mich in Klageliedern erschöpfen. Ich kann hoffen, dass mich jemand aus meinem Elend zieht. Ich kann resignieren. Ich kann mein Leben vertändeln, verunstalten, vernichten. Ich kann seinen Sinn verfehlen und es ausrotten. Ich kann es aber auch nutzen, hegen und pflegen, entwickeln, erweitern, weitergeben.

Ich kann ihm Raum schaffen und gegen das, was seine Entfaltung hindert, angehen. Die Bedingungen, aus dem Leben etwas zu machen, sind zwar überhaupt nicht gleich und gerecht verteilt. Aber nur in der Wahrnehmung der eigenen Chancen nimmt der Mensch sein Menschsein an. In diesem Sinne formulierte der Schriftsteller und Regisseur Herbert Achternbusch das Paradoxon: "Du hast keine Chance, aber nutze sie!"

So sehr die Frage, was ich aus meinem Leben machen kann, immer auch eine strukturelle, politische und gesellschaftliche Frage ist, so sehr ist sie zuerst und zugleich eine ganz persönliche. Darum muss jeder Mensch wissen: Ob er nun aus dem Dunkel kommt oder aus dem Licht, er ist erwünscht und „Gottes Kind".

Aber jeder hat dabei Unterschiedliches zu erledigen, weil jeder von einem anderen Platz aus ins Leben startet. Es gibt keine zwei gleichen Leben. Selbst Geschwistern, selbst Zwillingen stellt sich ihre Welt unterschiedlich dar.

Also muss auch jeder Unterschiedliches bewältigen. Gleich sind wir nur darin, dass jeder da ist, dass jeder das Recht hat zu sein und sich zu entwickeln. Der vergleichende Blick auf den anderen mag mich anspornen; meist nimmt er mir Kraft, führt mich weg von meinen eigenen Möglichkeiten. Der vergleichende Blick hat dann sein Recht, wenn er dazu dient, Ungerechtigkeiten zu bekämpfen und dem Leben Raum zu schaffen. Aber als neidischer Blick nach hinten oder zur Seite schwächt er mich. Wer jedoch mit Hass kämpft, erzeugt hinter sich wiederum hässliche, ungerechte Bedingungen.

Das ist also meine erste und grundlegende Überzeugung: Ich bin da. Ich darf sein. Ich bin ein „Kind Gottes" – ganz gleich, von welchem Platz aus ich ins Leben startete. Und sei es ein ganz schäbiger.

Das lese ich auch als eine zentrale Aussage aus den Worten, die von Jesus überliefert sind. Kaum irgendwo sonst lese ich es in solcher Klarheit, Eindringlichkeit und Schönheit: „Selig seid ihr", wer immer ihr seid, was immer das Schicksal euch aufpackte (Mt 5). Oder anders übersetzt: „Ihr seid gesegnet", das heißt: das Leben ist auf eurer Seite, ihr Armen, Gestrandeten, ihr Unzulänglichen, ihr Zweifler am Leben, ihr Hungerleider, ihr Zukurzgekommenen... Ihr, die man an den Rand gedrängt hat, die ihr es selbst nicht mehr glauben wollt: Euch ist Gott nah, ihr seid Teil des Lebens, ihr dürft leben! Auch wenn euch die Türen versperrt werden, auch wenn man euch übel mitspielt, auch wenn ihr leiden müsst: Ihr seid gesegnet. Denn ihr tragt das Leben in euch.

Solche Worte haben nicht alle Verhältnisse umgestürzt. Aber sie haben Hoffnung erzeugt, dass Veränderung möglich ist.

Auf die Frage, wer er denn sei, antwortet Jesus (Mt 11,4f): „Geht hin und berichtet Johannes, was ihr hört und seht: Die Blinden lernen wieder zu sehen, die Lahmen zu gehen, die Aussätzigen werden rein, die Tauben hören, die Toten stehen auf und den Armen wird die frohe Botschaft gebracht!" So haben es die Menschen seinerzeit erlebt, so hat es sie begeistert. Sie haben es in der wunderhaften Sprache und Gedankenwelt ihrer Zeit formuliert: Überall kehrt Leben ein. Sie sollen alle leben!

Jesus erzählt in Gleichnissen, wie der Hirte seinem verlorenen Schaf nachläuft (Lk 15,1ff), wie der Vater den verlorenen Sohn wieder aufnimmt (Lk 15,11ff), es wird erzählt, wie Jesus die stadtbekannte Hure nicht verurteilt (Joh 8). Solche Aussagen ziehen sich durch die gesamte Jesus-Überlieferung. Sie gehen zu Herzen. Denn sie geben dem Leben Recht und Raum. Sie bekräftigen das Leben und das, was lebt. Sie ermuntern und verführen zum Leben, denn: So ist Gott. Er verurteilt nicht. Er begrüßt uns. Er sagt ja zum Leben. Er schaut uns freundlich an: Schön, dass es dich gibt! Deshalb können wir gedeihen.

Die Mitgift meiner Eltern

Ich fiel nicht aus den Wolken. Ich wurde gezeugt, empfangen, ausgetragen, geboren und aufgezogen. Ich bin eingebunden in ein Beziehungsgeflecht, das vor mir da war und das mir den Weg ins Leben öffnete. Mein Leben kam von meinen Eltern und reicht zurück zu meinen Vorfahren. Durch sie habe ich meinen Platz im Leben bekommen.

Ich weiß, woher ich komme und wohin ich gehöre. Ich gehöre dazu. Das ist meine zweitwichtigste Einsicht in das Leben und zugleich auch das zweite der zentralen Lebensbedürfnisse jedes Menschen: zu wissen, *wohin er gehört*.

Das Leben ging nicht los mit mir. Es ging, bevor es zu mir kam, schon einen weiten Weg. Denn alles kommt aus Früherem. Was immer ist, es hat Geschichte. Was ist, ist eingebunden und verflochten: in das, was vor ihm war, was ist und was noch nach ihm sein wird. Nichts, was vorhanden ist, kommt aus dem Nichts. Selbst was uns scheint, als fiele es vom Himmel, war andernorts zuvor in anderer Gestalt. Das lehrt uns die Physik. Es stammt aus Früherem und gibt sich weiter an das Spätere.

Auf diesem Wege bleibt jedoch nichts gleich. Es fließt. Es wandelt sich. Das gilt für alles Lebende und selbst für das vermeintlich Tote. Wir nehmen auf, was war, und ändern es. Sobald das Leben wird, entwickelt es sich auch. Sobald Lebendiges Gestalt annimmt, ist es dem Wandel unterworfen. Nichts bleibt so, wie es war. Nichts kann ich unverändert halten. Nichts konservieren. Nichts bleibt von diesem Änderungsprozess verschont, nichts Lebendes und auch nichts scheinbar in sich Ruhendes. Es bleibt nichts unberührt und unbeschädigt.

Nur scheinbar fließen Wasser ewig, nur scheinbar bleiben Steine unberührt. Was für die fälschlich tot genannte Materie gilt, gilt für das Lebende ganz offensichtlich. Unaufhörlich pulst das Leben, wechselt die Gestalt. Wenn wir ins Leben treten, sind wir dem Wandel unterworfen und bejahen ihn. Was so entsteht, ist jeweils neu, noch nie gewesen. Und doch ist es uralt, und ohne sein Vergangenes nicht möglich. Was immer lebt, es nimmt das Vorgegebene auf, es findet seine eigene Form, wirkt so auf alles andere ein, das mit ihm ist, und hinterlässt die eigenen Spuren. Auf diese Weise sind wir unverwechselbar, doch andrerseits verbunden, zugehörig und ohne das, was uns voranging, gar nicht da.

Wandel

Immerfort sich ändernd und erneuernd
schöpft das Leben
aus Leben, das schon vor ihm war,
und bleibt darin dem Alten treu.

Dem nahen Blick
mag's wie ein Neues,
nie Gewesenes erscheinen.
Wer Abstand nimmt, erkennt,

dass es von weither kommt
und sich dabei dem Früheren verdankt,
und dass in diesem Wandel
nichts verloren ging.

Der Wandel gibt uns unser eigenes Gesicht. Wie anders wir auch sind, wie anders wir uns fühlen als die, aus deren Schoß und Haus wir kamen – wir bleiben, ob wir wollen oder nicht, den Früheren verbunden. Wir sind nur da, weil andre vor uns waren, die ihrerseits das Leben mitbekamen und auf ihre Weise weitertrugen, was ihnen mitgegeben wurde. Sie haben uns auf unsern Weg gesetzt. Ihnen verdanken wir uns.

Mit dieser Einsicht tut der Mensch sich schwer. Er neigt dazu, sich aufzublähen, sich sein Leben anzueignen wie ein Recht. Als hätte er sich selbst gemacht, behandelt er, was ihn betrifft, als ob es ihm gehörte. In Wahrheit ist er nur Produkt von Früherem, das vor ihm war. Nur dazu hat er Macht und Fähigkeit: das Alte, Übernommene zu ändern, es, wenn er will, auch zu zerstören; nicht die, sich selber zu erschaffen.

Mag sein, dass wissenschaftliche Forschung in irgendeiner Zukunft fähig ist, Lebendiges zu konstruieren. Für mich und jeden anderen gilt noch bis auf weiteres: Wir sind Produkte der Natur. Das Leben kam zu uns von selbst und ohne unser Zutun. Wir sind, aus unsrer Sicht betrachtet, nur ein Zufall. Wir kommen auf die Welt, wir bleiben eine Weile - und gehen wieder je im Fluss der Zeit. Wir sind nur eine Laune der Natur, zu seiner Zeit ins Licht getreten, und bald danach zurück ins Dunkle abgetaucht.

Wir nähren uns von Leben, das uns vorausging, aus dem wir stammen, und betten uns in solches, das uns folgt und uns zurücklässt. Wir nehmen auf, was vor uns war, und übergeben es in etwas anderer Gestalt an die, die mit uns sind und nach uns kommen, so wie es alle vor uns taten. Wir greifen die Stafette auf und reichen sie bald weiter ohne Ansehen der Person, aus reiner Gunst des Lebens und der Stunde. Wir haben weder Macht und Zugriff über das, was uns vorausging, noch über das, was auf uns folgt.

Kein Ding, kein Wesen hat es in der Hand, den eignen Platz ins Leben auszuwählen. Er wird uns aufgegeben. Was auf mich kam, was ich ins Leben mitnehme, wenn ich geboren werde, das muss ich nehmen, wie es mich erreicht: So nehme ich zu Anfang den väterlichen Samen und seine genetische Mitgift, und ebenso die in der Eizelle meiner Mutter eingeschlossene; ich nehme den Mutterleib, der mir Platz gibt, der mich nährt und schützt und mich gebiert; ich nehme meine Eltern und Geschwister und die, die neben ihnen stehen und hinter ihnen, Familie, Verwandtschaft, Sippe, die Lebenden und die Toten, mitsamt der zugehörigen Geschichte, der offiziellen und gewünschten und gleichfalls der verkannten und verschwiegenen. Ich nehme ebenso die Farbe meiner Haut, ich nehme mein Geschlecht und meinen Körper, Gestalt, Gebaren, Wuchs und Figur, und nehme mit ihm alles, wie es kommt: Gesundheit, Kraft und Energie, Krankheiten, Beschränkungen, Behinderung und Deformation, ich nehme meine Anlagen und Begabungen wie meine Defizite und Eigenarten. Auch nehme ich, wenn ich ins Leben trete, Zeitalter, Zeitpunkt und Ort meiner Geburt und was bei meiner Ankunft mich erwartet und begleitet, sei es nun Sommer oder Winter, Wärme oder Kälte, Krieg oder Frieden, Wohlstand oder Armut, Hunger oder Überfluss, Angst oder Sicherheit, Freiheit oder Abhängigkeit, Anerkennung oder Nichtachtung, Unterordnung oder Vorrang, Bedeutungslosigkeit oder Größe, Bosheit oder Liebe, das ganze Drum und Dran der Verhältnisse, der geographischen, ökonomischen und ökologischen, der sozialen, religiösen, kulturellen, gesellschaftlichen politischen und ganz persönlichen Bedingungen, durch die ich Teil geworden bin von Minder- oder Mehrheiten, von Ge- oder Verachteten, von Besitzern oder Besitzlosen. Mit ihnen nehme ich auch meine Muttersprache und ihre Denkmuster sowie meinen Dialekt. Weiter nehme ich die Landschaft, in der ich aufwachse und mich zu Hause fühle, und die Menschen, die sie bevölkern, meine Heimat samt Zugehörigkeit zu Volk und Nation. Und noch mehr nehme ich: Sitten und Gebräuche, Religion, Wertvorstellungen, Weltbilder und Glaubensüberzeugungen, Weltverständnis und Weltdeutung, Zivilisation, wissenschaftliche Erkenntnisse und technische Möglichkeiten, Kunst und Kultur mit ihrem je besonderen Gewordensein.

Wenn einer denkt, er hätte sich den Platz im Leben selber ausgesucht, dann irrt er sich. Er hatte keine Wahl. Der Platz im Leben wurde ihm gegeben. Die Freiheit, seinen Weg selbst zu bestimmen, beginnt erst dann. Erst später kann er sagen: Ich nehme, was mir so gegeben wurde, gerne an, ich will es. Der Ursprung seines Seins entzieht sich ihm. Der wurde ihm gesetzt.

Das Leben kommt von Weitem her, nahm vor mir einen langen Weg – doch sind es *diese* Eltern, *dieser* Vater, *diese* Mutter, die mir den Platz im Leben gaben. Ich bin, ob es mir passt, ob nicht, der sichtliche Zusammenfluss von jenen beiden Menschen, die mir das Leben schenkten. Sie gaben mir, was sie besaßen, mit; das meiste unbewusst. Fast alles ist mir vorgegeben. Fast alles ist schon festgelegt, mir in die Wiege zugepackt, und bildet nun den Grund, auf welchem ich zu stehen komme, beschreibt den Horizont, der mir den Rahmen steckt, bestimmt den Startplatz in mein Leben und bindet mich an das, was vor mir war. Es zeigt mir an, was mir mein Leben aufgibt.

Es zehrt der Mensch von dem, was vor ihm war, er greift das auf und nutzt, was ihm Natur und Herkunft mitgegeben haben. Ich nehme es als Mitgift mit in meine Welt, was vor mir war und was mich jetzt umgibt: die Luft, die mich umweht, den Raum, den ich durchmesse, den Boden, der mich trägt, die Nahrung, die mich sättigt, den Körper, der mir die Erscheinung gibt, die Eigenheiten, Fähigkeiten, Möglichkeiten, die mich ermächtigen, und selbst die Phantasie, die mich beflügelt.

Von dem, was mich bewegt, ist nicht viel neu; das meiste ist schon vor mir da. Ich nähre mich von ihm wie jedes Wesen. Und nach mir wird es auch so sein. Es macht gar keinen Unterschied, ob ich begreife, was mir mitgegeben wurde, ob ich es beachte, wertschätze oder missachte, ächte und verleugne. Ich werde, in die Welt gesetzt, nicht danach gefragt.

Was ich ins Leben mitnehme, kommt zu mir als Unbewusstes ebenso wie als Bekanntes. Ich nehme es als Sichtliches und auch als Schatten mit. Und es benötigt nicht mein Jawort, um zu sein. Denn für das Leben macht es keinen Unterschied, ob es im Hellen weiterwirkt, ob's ein Geheimnis bleibt. Es wirkt an sich.

Was mich im Lauf der Zeiten so erreicht (und nach mir weitergeht), das muss ich zwar von meinen Eltern nehmen, wie sie es mir gaben – und doch ist es dann meins, als wäre es allein für mich gemacht, wie neu und nur für mich bestimmt. Indem sie es mir geben, wird es, ohne Wahlrecht, meins.

Und darum nehme ich es unbesehen, wenn ich das Licht der Welt erblicke. Es gibt, wenn ich geboren werde, mir die Gestalt und mein persönliches Gesicht. Auf diese Weise finde ich im Strudel der Zufälligkeiten meinen Platz, mein eigenes Gewicht.

Mein Platz

Bin ich nur Laune der Natur,
so bin ich doch ein Teil
des Lebens selbst
und Träger seiner Kraft.

Als Glied
in einer langen Kette
bin ich nach hinten
und nach vorn

gebunden
und an meiner Stelle
einzigartig,
unverwechselbar.

Mein Leben ist eine Gabe. Ein Geschenk. Deshalb macht es mich dankbar. Deshalb gehe ich sorgsam mit ihm um. Und wenn es auch, mir in die Hand gegeben, nun mein ganz eigenes ist, weiß ich um meinen Kontext, meine Herkunft. Ich weiß, ich habe mein Leben empfangen und in diesem Sinne gebe ich es, soweit ich kann und es mir möglich ist, auch weiter: als etwas Kostbares. Ich hab es nicht erfunden. Ich besitze kein Patent darauf. Es gehört nicht mir. Ich bin nur sein Vehikel. Wenn es durch mich Platz greift auf dieser Erde, dann nimmt es mich in Dienst.

Aber nicht jeder geht sorgsam mit seinem Leben um. Nicht mit denen, von denen er herkommt, nicht mit sich selbst, nicht mit denen, denen er das Leben weitergibt. Manch einer verhunzt und verschludert sein Leben, ist ein miserabler Sachwalter. Vielleicht hadert er mit jener Portion Leben, die er abbekam. Vielleicht möchte er sich abgrenzen von denen, denen er sich, ob er es nun wahrhaben will oder nicht, verdankt. Vielleicht möchte er es besser machen als die, die vor ihm waren, und betrachtet den Zusammenhang mit ihnen als Last, als Makel oder Schande.

Doch gilt: dem, was durch die Geburt und alle jene Menschen, die mich in meinem Werden und Wirken begleiteten, zu mir gekommen ist, was mir zuerst von meinen Eltern und Ahnen, danach von allen denen, mit denen ich zusammenlebte, und letztlich von der Menschheit als Erbe mitgegeben wurde, kann ich mich nicht entziehen. Obgleich es für mich durchaus ambivalente Züge trägt.

Ich spüre es im Guten wie im Schlimmen, als Lebenslust und Lebenslast. Es trägt mich und es hängt zugleich an mir. Teilweise liegt es schwer und wie ein Fluch auf mir, und manchmal kann es mir voll Kraft zum Segen werden. Wenn ich diese Welt betrete, nehme ich unweigerlich alles, wie es ist, das Gute und das Böse, das Leichte wie das Schwere, so wie es mir meine Eltern vermachen. Es folgt mir mit, wohin ich immer gehe, ob ich ihm zustimme oder nicht.

Das Gute und das Böse

Das Gute, das ich von euch nahm,
erscheint mir leicht, willkommen,
das Böse unerträglich
und zu schwer.

Den bittern Satz
will ich nicht nehmen:
dass beides meins.
Ich trage seine Zeichen.

Das Gute nimmt,
das Böse gibt
dem Leben sein Gewicht.

Ich habe nicht die Wahl.
Entscheiden kann ich nur,
ob ich es offen tragen will.

Dem zuzustimmen, was an Angenehmem auf uns kommt, fällt uns nicht weiter schwer. Gern deutet es der Mensch als sein Verdienst. Das Fremde, Schlimme, Böse andrerseits will niemand haben und tut, als wäre es ihm freigestellt, es auszuschlagen wie fremde Schulden oder eine unbequeme Erbschaft.

Es war nicht *ihre eigne* Größe oder Lebensleistung, in der sich manche sonnen; es ist genauso wenig *ihre* Schuld, die *sie* verbrochen hätten und der *sie* sich schämen müssten. Es war das angehäufte Leben ihrer Eltern und Vorfahren. Und doch trag ich an dem, was sie *bewirkten*, mit. Die *Folgen* kommen auch zu mir.

Gern etwa möchten sich manche aus der Verantwortung winden für das, was die Generation unserer Eltern oder Großeltern anrichtete. Als könnten wir, die Spätgeborenen, das Schlimme leugnen und vergessen, es ungeschehen machen und folgenlos vom Früheren genießen ohne dafür zu bezahlen. Als könnten wir, nachdem die Eltern saure Trauben aßen (vgl. Hes 18,2), jetzt nur die süßen kosten. Als könnten wir, was uns nicht passt, bestreiten und verachten.

Doch werden wir es so nicht los. Nichts, was gewesen ist, kann ungeschehen werden, nichts lässt sich später aus der Welt entsorgen. Das Leben ist nicht kostenfrei.

Es ist ganz umgekehrt. Das Abgelehnte lässt mein Herz nicht los. Als fremde Last erdrückt es mich, es macht mich selber bös, verbittert, hart und bleibt an meiner Seele kleben. Es hängt an mir wie etwas Ungelöstes, Unerledigtes, wie eine nicht bezahlte Rechnung, die mich, obwohl ich eben das nicht will, an das Vergangene bindet statt mich freizumachen für das Neue. Indem ich das mir nicht genehme Alte von mir weise, steck ich die heiße Kartoffel jenen in die Tasche, die nach mir kommen, reiche ich die alten Bitterkeiten weiter an das mir folgende Geschlecht. Allenfalls nach langer Zeit, je nach seiner Bedeutung früher oder später, wird seine Wirkung schwächer.

Das kleine, familiäre Schlimme verblasst zumeist nach einigen Generationen (gemäß der in dem alten Wort festgehaltenen Erfahrung, dass „die Sünden der Väter heimgesucht werden an den Söhnen bis ins dritte und vierte Glied"; Ex 20,5; 34,7). Das Große jedoch braucht Äonen (wie man es z. B. am Konflikt zwischen Christen und Moslems auf dem Balkan studieren kann und wie es ganz sicher auch für die Verbrechen der Nazizeit gilt), bis es vielleicht in gnädiges Vergessen sinkt. Doch selbst, wenn es vergessen ist, weht es als Ahnung in unseren Mythen und Geschichten nach. Denn unsre Seele weiß von mehr.

Um sich als Segen auszubreiten, braucht das Erbe Achtung; auch jene Achtung, die denen, die vor uns lebten, ihre ganze Größe und ebenso ihre ganze Schuld belässt, die nichts davon wegnimmt und nichts dazutut, auch nichts auszugleichen oder gutzumachen sucht, was sie versäumten. Wenn ich dem, was sie erlebten, wie sie ihr Leben meisterten und ebenso, wie sie es verfehlten, *mit Respekt* begegne, wenn ich es nicht verleugne, es aber auch nicht größer mache als es war, wenn ich ihr Schicksal und was an Gutem und Bösen sie daraus machten, als Teil meiner Herkunftsgeschichte annehme – einer Geschichte, für die *sie* einzustehen haben, dessen *Folgen* aber für *mich* wirksam sind – ; wenn ich ihr Schicksal, ihren Lebensweg als Mitgift begreife, weil Leben nicht kostenlos weitergegeben wird, sondern immer mit all dem, was die Früheren erlebten, was sie bewältigten oder an dem sie scheiterten – ; wenn ich das alles, das Wunderbare und auch das Schlimme, das Große ebenso wie das Lächerliche, das Einfache wie das Erstaunliche, und eben auch das Misslungene, das Bittere und Böse, wie etwas, das da ist, das nicht ich gemacht habe, das ich selbst auch nicht ändern kann und auch nicht ändern muss, wenn ich es bewusst, mit Achtung und ich sage: *dankbar*, als Begleitgeschenk für mein Leben mitnehme, - *dann wird es mir leicht.*

Ich stimme ihm zu, und dabei wandelt es sich zu etwas, das mich trägt. Es gibt mir meinen Hintergrund und macht mich, weil ich nichts weglassen und verleugnen muss, stark. Denn grad das Schlimme, Ungeliebte, Unerträgliche kann, wenn man es wissend auf sich nimmt, das eigne Leben größer, weiter, stärker machen.

Ich stimme zu – das ist der schwere Satz, der mich entlastet. Ich stimme zu, wie ich es damals, als ich ungefragt geboren wurde, längst schon einmal tat: Ich nehme von euch alles - und zum vollen Preis.

Und so versöhnt mit dem, was ich empfing, kann ich mein Leben ohne Angst und Schuld und Zweifel selber frei gestalten. Dann erst wird es, zugleich Geschenk und eigene Lebensgestaltung, zu meinem Eigenen und Unverwechselbaren.

Ich halte inne, und ich schaue jene an, die mir das Leben gaben, die selber schon ihr Leben entgegennahmen von denen, die vor ihnen waren und ihrerseits das weitergaben, was sie von ihren Eltern übernahmen, die wiederum, was sie von Früheren empfangen hatten, an Spätere verteilten. Und so, in langen und verzweigten Ketten ungezählter Glieder, geschieht ein stetes Nehmen und ein Weitergeben des Lebendigen. Ich schaue und ich staune, wie alles zu mir kam, und ich verneige mich vor seiner Kraft und seinem Reichtum.

Bin ich so eingebunden in die Folge der Geschlechter, dann bin ich selbst ein kleines Kettenglied. Ich seh' nach vorn, ich schau zurück, und in dem Maße, wie ich's mit Achtung, Ehrfurcht, Dankbarkeit tun kann, wird es mich tragen und mit mir selbst versöhnen. Das ist die Wahrheit und Weisheit jenes vierten Dekalog-Gebots (Ex

20,12; Dt 5,16): „Ehre Vater und Mutter, damit du lange lebest in dem Land, das der Herr, dein Gott, dir geben will".

In denen, die mir als nächste vorausgingen, ehre ich zugleich auch die, die ihnen ihren Platz im Leben gaben, und weiter rückwärts jene, die vor ihnen kamen, und so aufsteigend, allmählich mehr im Nebel des Vergessenen verschwimmend und entrückt, die ungezählten anderen, in deren Lebensfluss ich weitertreibe, von denen ich kaum ihre Namen weiß, geschweige, wie sie lebten, doch denen ich mich ebenso verdanke und verbunden weiß. Ich ehre sie und über sie das Leben, das Große Ganze, das alles trägt, das allem, was geworden ist, und so auch mir und meinen Kindern, als Antrieb innewohnt, das Leben gibt und selber Leben ist, dem viele den Namen „Gott" geben. Oder, weil es uns mit allem anderen Leben verbindet, einfach „Leben".

Oder „das, was allem als Kraft innewohnt". Oder, wenn sie auf die unauflösbare innere Verbindung schauen: „Liebe". Und dabei weiß ich: Es vereint in sich untrennbar alles, was auf mich kam, das Gute und das Böse, Tod und Leben, Zufall und Absicht.

Dem, was mich gemacht hat, was mir mein Leben gab, zuzustimmen, fällt manchen leicht und vielen schwer. Ich betrachte es als eine der wichtigsten und zugleich schwersten Lebensaufgaben, Ja zu sagen zu meinem Woher, und das heißt, mich mit meiner Herkunft, und genauer: *mich mit meinen Eltern und Vorfahren auszusöhnen.* Zu meiner Mutter und zu meinem Vater, und auch zu denen, von denen sie kamen, zu sagen: *Ich danke euch für mein Leben.* Und darüber hinaus für alles, was ihr für mich getan habt, was nötig war, dass ich leben konnte. Das war nicht wenig.

Ohne ein Mindestmaß an Fürsorge hätte ich nicht überlebt. Aber fast immer erfuhr ich mehr als das. Jeder, der selbst Kinder hat, weiß, wie sehr Kinder Eltern beanspruchen, bei Tag und bei Nacht. Es dauert viele Jahre, bis wir selbständig überleben können. All das habe ich in der Regel von meinen Eltern oder wenigstens einem von ihnen bekommen. All das macht mich dankbar.

Vielleicht habe ich das Gefühl, dass mir andere Menschen wichtiger waren als die Eltern; eine Oma, ein Opa, Tanten, Onkel, Verwandte, Paten, Freunde, Nachbarn, Stiefeltern oder Pflegeeltern oder noch andere. Auch denen verdanke ich mich, und ohne die wäre ich vielleicht nie geworden wie ich bin. Aber all das konnte nur sein, weil ich zuvor von meinen Eltern das Größte bekam, mein Leben. Und meistens war es mehr.

Deshalb kann ich sagen: Ich achte, dass ihr mir das Leben gabt, ich achte, was es euch gekostet hat, mit allem Drum und Dran. Ich nehme es so, wie es mir nun einmal von euch gegeben wurde. So verdanke ich mich euch. Und dem stimme ich zu.

Wie immer auch das Verhältnis zwischen Kindern und Eltern belastet sein mag, auf wie brüchigem Eis ihre Begegnungen stattfinden, wie wenig sie auch voneinander wissen wollen, an diesem ist nicht zu rütteln, dass Kinder ohne ihre Eltern nicht wären. Was immer sie früh entbehrten und welche Rechnungen sie mit ihren Eltern offen haben, an diesem Einen ist nicht zu rütteln.

Die Eltern haben sie gezeugt und ausgetragen. Es gäbe sie sonst nicht. Sie gaben ihnen das bei weitem Wichtigste mit auf den Weg: das Leben. Und mit dem Leben ungefragt all das, was hinter ihnen liegt, was sie auch ihrerseits durch ihre Eltern mitbekamen. In ihnen vereinigen sich jene genetischen Bedingungen und Zugaben, die seinerzeit im Zeugungsakt zusammenflossen und die die Eltern ihrerseits schon mitbekamen. Das alles steckt nun auch, ob's einer will, ob nicht, in ihm.

Das schätzen viele gering, als wäre es nichts: „Du bist nur mein Erzeuger!", sagen sie, oder: „Du hast bloß deinen Körper zur Verfügung gestellt!" Aber selbst wenn es so ist: das ist nun mal die entscheidende Basis meines Seins; entscheidender als alles, was danach kommt. Es ist die Grundbedingung meines Lebens – ganz abgesehen davon, welche genetischen und pränatalen Prägungen mir sonst noch mitgegeben wurden.

Trotzdem verharren viele Menschen in der Überzeugung – und es ist das Echo ihrer tiefen, kindlichen Enttäuschung – jener Anfang des Lebens, an den sie ja wie fast alle Menschen keinerlei Erinnerung besitzen, sei von geringerer Bedeutung. Anschluss zu finden an die, von denen sie herkommen, scheint vielen darum gar nicht nötig. Es kratze, sagen sie, nur alte Wunden auf. Sie denken, es gäbe ihnen nichts dazu, ja mehr, es nähme ihnen etwas weg, wenn sie sich denen noch verbunden fühlten, die doch, so sagen sie, nur biologisch ihre Eltern sind. Kann sein, sie haben längst gelernt, nur auf die eigne Kraft zu bauen, sind überzeugt, dass sie die Eltern ganz und gar nicht brauchen.

Sie haben Recht, auf eine Weise. Ihr Leben zu bewältigen ist durchaus ganz allein nur ihnen aufgegeben. Nicht *dazu* brauchen sie den Anschluss.

Doch das ist nur die Oberflächensicht. Die Wahrheit ist: Wir können gar nicht anders als dazugehören. Denn anders gäbe es uns nicht. Wir nehmen, ob wir wollen oder nicht, das mit, was uns gegeben wurde. Wir nehmen es in unser Leben mit und können es nicht wieder von uns werfen wie einen Rucksack, der den Rücken drückt. Was wir zu Anfang mitbekamen, begleitet uns durchs Leben. Insofern sind wir nie allein. Nur was wir daraus machen, ist ganz unsre Sache.

Indem ich dem, was ich in mein Leben mitbekam, zustimme, schütte ich nicht die Grabes-Erde des Verschweigens über das, was war, und auch nicht die süßliche Soße des großzügigen Verzeihens. Denn es geht nicht darum, den Eltern zu verzeihen. Obgleich viele Kinder dazu gern bereit sind. So wie sie schon in ihrer Kindheit dazu bereit waren, alles dafür zu tun, dass ihre Eltern ihnen wieder gut waren.

Aber wenn verzeihen bedeutet, dass das, was geschehen ist, „vergeben und vergessen" ist, dann bauen Eltern und Kinder ihr Verhältnis auf eine Lebenslüge. Was geschehen ist, *ist* geschehen! Was schlimm war, *war* schlimm! Was sollte daran gut sein, ein Kind, das Schlimmes von den Eltern erlebte, nun ein zweites Mal zu belasten und ihm aufzubürden, das Ganze abzutun, als wär es nicht gewesen?

Und auch aus einem andern Grund ist das Verzeihen ein verkehrter Weg. Wer verzeiht, verhält sich großmütig. Ihm wurde etwas angetan, und nun zeigt er sich selbstlos, edel, moralisch überlegen. Damit stellt er sich über den anderen, beschämt ihn, nimmt ihm die Würde, für das geradezustehen, was er getan hat. Die heimliche Botschaft des Verzeihenden lautet: Ich bin der

Bessere. Ich trage die Krone des Nachgiebigen, des Hochherzigen, des Selbstlosen.

Nicht um verzeihen geht es, wie es viele gerne vor sich hertragen. Sondern um hinsehen, annehmen und dann dort lassen, wo das Böse war. Es geht darum, das Schlimme nicht in die Gegenwart zu ziehen, als hielte die Vergangenheit noch an.

Das Vergangene *war* schlimm, es *tat* weh, es war bisweilen, immer wieder oder vielleicht sogar von Anfang an und ohne Gnade Grund für Angst, für Rückzug und Verzweiflung. Nur wenn, was geschehen ist, ohne Abstrich, ohne Schönmalerei, ohne Es-war-ja-nicht-so-schlimm-Pose benannt wird, wird es dem Geschehenen gerecht.

Aber was war, ist, weil ich ohne es nicht bin, nun auch meins. Ich gehöre dazu. Es ist vielleicht ein schmerzliches, ein bitteres Zusammengehören. Es ist ein Zusammengehören, das all jene Gefühle in sich trägt, die uns die späteren Jahre das Leben schwer machten: Angst, nicht gewollt, nicht geliebt zu sein, Schmerz und Trauer über Hilflosigkeit und Einsamkeit, Wut über das, was uns angetan wurde.

Kann sein, meine Eltern und Vorfahren taten vieles, das ich ablehne, das ich nie so tun wollte und würde, das ich verabscheue. Vielleicht bin ich das Kind eines Verbrechers oder einer Denunziantin, eines Ausbeuters oder einer Intrigantin, eines Gewalttäters oder einer Rachsüchtigen, eines Missbrauchers oder einer Säuferin. Vielleicht verstehe ich vieles nicht, warum sie sich zu mir in bestimmter Weise verhielten. Aber es ist doch Teil meiner Vergangenheit.

Ich stimme nicht dem zu, was sie taten oder warum und wie. Aber ich stimme dem zu, dass es Teil meiner Vergangenheit ist und mich, mein Denken, Fühlen und Verhalten, mitbestimmt. Ich stimme zu, dass es mir den Rahmen steckt, dass es mir Aufgaben stellt. Wenn sich daraus für mich eine nachfolgende Verantwortung ergibt, dann übernehme ich sie.

Das ist der Preis, zu dem ich auf die Erde gekommen bin. Deshalb muss ich und kann ich in Wirklichkeit auch gar nichts von dem verschweigen, verändern oder umdeuten, was gewesen ist. Denn es gilt nun einmal: Es war. Und da komme ich her. Dieser Herkunft, diesen Eltern verdanke ich mich.

Meiner Herkunft zuzustimmen heißt, sie als meine Vergangenheit anzunehmen – ohne weiter flackernden Zorn, ohne Verbitterung, ohne Groll, ohne etwas nachtragen zu wollen. Es heißt nicht, alles gutzuheißen, schon gar nicht, es zu glorifizieren, auch nicht, es zu verteufeln; und auch nicht, es zu verbessern; und erst recht nicht, es ebenso zu machen (auch wenn viele Eltern meinen, sie könnten, sollten und dürften bestimmen, welchen Weg ihre Kinder nehmen).

Erst wenn ich dem zustimme, was ich mit ins Leben gegeben bekam, kann ich auch *mir selbst zustimmen*. Denn es gehört, ob ich will oder nicht, zu mir, auch wenn ich es ausblende, verdränge, abspalte. Dem zuzustimmen, woher ich komme, ist aber die Voraussetzung für die noch größere Lebensaufgabe: *mich mit mir selbst auszusöhnen*. Mir selber zuzustimmen.

Denn ohne meine Vergangenheit kann ich mich selber nicht bejahen. Das Zentralste an mir ist nun einmal Produkt des Vorigen. Verneine ich es, dann verneine ich mich selbst. Deshalb führt kein Weg an den Eltern und der Vergangenheit vorbei. Ich nehme alles in den Blick, das ganze Leben, alles, was mich betrifft von Anfang an, auch das, was sich mir nicht mehr oder überhaupt nicht erschließt.

Ich betrachte das, was war, was meine Eltern von mir wollten und erwarteten, was sie taten und nicht taten, und wie ich darauf reagierte, ich betrachte meine Bemühungen, es ihnen recht zu machen, meine Einsamkeiten, meine Fehlversuche, Ängste und Verzweiflungen. Das alles, was war und was ist und nicht ist und nicht vorzeigbar ist, betrachte ich – *und sage ja. So bin ich geworden. So bin ich nun.*

Ich mag das nicht alles, aber so bin ich. Ich betrachte alle Bedingungen, unter denen mein Leben bis jetzt stand, und sage: *Ich stimme zu. So einer, so eine bin ich.* Ich sage nicht von allem, dass es gut und gelungen war. Aber es war und ist meins. Ich nehme es mit in mein Leben. Ich verdränge es nicht auf Kosten der Wahrheit, sondern nehme es mit, und zwar mit offenem Blick. Zustimmen kann ich nur, wenn ich hinschaue. Ja sagen kann ich nur sehenden Auges, der ganzen Tragweite der Aussage bewusst.

Denn ich selbst bin mir der unerbittlichste Kritiker. Hier und da kann es mir gelingen, mich selbst zu betrügen und meine Geschichte zu verfälschen; letztlich entkomme ich mir nicht. Letztlich holt mich immer ein, was wirklich ist. Letztlich gibt es kein Entrinnen vor meinem inneren Wissen und meiner Vergangenheit. Wollte ich nicht hinsehen, würden die alten Geister mich unerkannt heimsuchen.

Sie suchen mich heim in meinem Körper, den sie längst gezeichnet haben, sie suchen mich heim in meinem Verhalten, wenn ich mich manchmal selbst nicht verstehe. Sie legen sich wie Alpdruck auf meine Seele. Sie suchen mich heim in meinen Träumen. Sie suchen mich heim, wenn ich unter Druck gerate. Und sie suchen mich heim in meinen Kindern, die das von mir Abgelehnte spüren und, fast immer ohne dass sie es verstehen, das Alte aufleben lassen und gut-machen wollen.

Wenn ich *ich* sein will, habe ich keine ande-re Wahl. Ich bin *ich* nur mit meiner Geschichte. Nichts von ihr kann ich hinter mir lassen.

Stimme ich aber zu, werde ich frei. Dann kann ich sagen: *So habe ich mich und so habt ihr mich.* So bekenne ich mich zu mir selbst; zu dem, was war und daraus wurde. Zu dem was ist. Zu dem, was daraus werden kann. So übernehme ich Verantwortung für mich. So einer, so eine bin ich. So muss ich mich selber nehmen, und so mute ich mich anderen zu. So arbeite ich dran. So ma-che ich was draus. So gebe ich mich weiter an meine eigenen Kinder und an andere Menschen.

Das Große Ganze oder „Gott"

Vom Leben begrüßt werden; dazugehören zu denen, von denen ich herkomme; und nun als Drittes: *verbunden sein mit dem Ganzen* – das sind für mich die drei zentralen Lebensgeschenke und zugleich Lebensbedürfnisse jedes Menschen. Sie geben meinem Leben seinen primären Sinn. Sie gehen allen anderen Lebensthemen, etwa sich persönlich zu entfalten oder sich als Partner zusammenzutun oder wichtig zu sein für die Gemeinschaft, voran. Nur die rein körperlichen Bedürfnisse wie atmen, essen, trinken, richtig temperiert sein, schlafen, gesund sein, sich bewegen, auch sich fortpflanzen, die die körperliche Existenz sichern, laufen ihnen voraus.

Leben gibt es nur im Verbund. Mein Leben ist *eingebettet in das Große Ganze*. Als Teil des Ganzen hab ich meinen Platz im Leben. Es ist ein guter Platz, ein sicherer, ein unveräußerlicher. Man kann ihn mir nicht streitig machen. Er ist mir mitgegeben, schon als ich wurde. Er sitzt in mir und flüstert mir ins Ohr: Du bist ein Teil des Lebens. Du bist ein Teil des Großen Ganzen.

Das Große Ganze: So nenne ich die Gesamtheit allen Seins, des Sichtbaren und Unsichtbaren, des Bekannten und uns nicht Bekannten. Von ihm bin ich ein Teil. Dieses Ganze brachte mich und jedes Ding des Kosmos hervor, es hat mich in Bewegung gesetzt, hat mich belebt und hält mich und mit mir alles, was ist, im Schwunge. Dies Ganze begegnet mir als eine ungeheure Kraft, eine unvorstellbar große Energie. Sie gestaltete diesen Kosmos und machte in ihm die Entwicklung des Lebens möglich, sei's nun auf unsrer Erde, sei's vielleicht noch anderswo. Ich erfahre sie vor allem als Lebenskraft, die alles Lebendige speist und weitertreibt und die auch mich geschaffen hat: als *Dynamik des Lebendigen*.

Ich meine damit kein Konstrukt, nichts Theoretisches, keine irgendwie abstrakte Qualität, die uns vielleicht aus einem angenommenen Jenseits erreichte. Ich meine nichts, was nicht mit meinen Sinnen fassbar wäre. Vielmehr ist diese Kraft des Lebens real und ganz konkret. Sie wird von der Natur aus sich heraus hervorgebracht, aus jenen Stoffen, die sie selbst besitzt, aus denen sie besteht, jenen physikalischen Gesetzen und chemischen Prozessen folgend, die ihr innewohnen.

Woher sie kommt, ich weiß es nicht. Sie ist offensichtlich ein Wesensmerkmal unseres Kosmos. Sie ist ein Urgrund allen Seins und schleuderte sich selbst im Urknall in die Welt. Von ihr wird jedes Ding und Wesen dieser Welt mit angestoßen, fortbewegt, im Großen und im Kleinen, im Hellen und im Dunkeln, um uns herum wie in uns selbst, was jeder sehen und erfahren kann, wenn er denn sich, das Leben, die Natur betrachtet und erforscht. Denn dieser Antrieb, diese innere Bewegung, diese alles immerfort verändernde Lebensenergie ist überall am Wirken.

Was mich an dieser Kraft, wenn denn der Ausdruck passend ist, vor allem fasziniert: Sie wohnt den Stoffen, der Materie, aus der die Welt besteht, selbst inne, besitzt eine ganz materielle Natur. Sie muss nicht vermutet oder geglaubt werden. Sie ist in jedem Zipfel spürbar und konkret. Sie hat der Erde ihr Gesicht gegeben. Sie gestaltet alles, was ist, Lebendiges und scheinbar Totes. Sie formt, bewegt, beseelt: die Menschen, Tiere, Pflanzen, die Natur.

Wir wissen nicht, ob sich im Kosmos anderswo noch Leben formte und wie es anderswo Gestalt annahm. Die meisten Astrophysiker gehen davon aus. Auch wenn erst ganz besondere Bedingungen das Leben dieser Erde möglich machten, ist doch wahrscheinlich, dass unser Sonnensystem als eins unter geschätzt hundert Milliarden weiterer Sonnensysteme in unsrer Galaxie, die wiederum nur eine von geschätzt hundert Milliarden weiterer Galaxien ist, nicht einzig ist und dass sich Leben auch andernorts entwickelte.

Die Erde ist für uns der Mittelpunkt, die Mutter unsres Lebens. Sie ist an Wundern reich, und sie ist schön. Und doch, sie hat das Leben vermutlich nicht gepachtet. Wir sind, so kränkend es auch erst erscheint, nur eine Randerscheinung unsrer Galaxie und nicht der Mittelpunkt der Welt. Was unter den Bedingungen des heimatlichen Sonnen- und Planetensystems entstand, kann sich im Kosmos ungezählte Male sonst ereignet haben. Zwar wissen wir es bisher nicht, doch wirken, weil wir Teil des gleichen Kosmos sind, in ihm die gleichen Regeln der Physik.

Was uns bewegt und was dem Kosmos die Gestalt verleiht, das nenne ich einstweilen „Kraft" des Großen Ganzen. Als *Lebensenergie*, als Antrieb des Lebens, tritt sie in wunderbarer, staunenswerter Weise auf unsrer Erde in Erscheinung und prägt in lebendiger Form seit beinah vier Milliarden Jahren, seit sich die ersten organischen Verbindungen bildeten, ihr Gesicht. Nicht bloß als Anfangsschub, sondern als innewohnende Dynamik, als ununterbrochener Prozess.

Nichts ist von ihren Veränderungsvorgängen ausgenommen. Auch was zu ruhen scheint, was ewig wirkt, ist doch in ihrem Fluss. In unterschiedlicher Geschwindigkeit bewegt sie alles, was uns nah und fern umgibt; die Kontinente und das Land nur langsam mit kaum merklichen Bewegungen; die Pflanzenwelt in ihrem Rhythmus schneller; rasant die Lebewesen.

Von dieser Energie, von dieser mächtigen Bewegung und stetigen Entwicklung, in der das Leben sich entfaltet, bin ich umgeben, bin durchzogen und bewegt. Sie ist in jedem Atemzug enthalten, sie pulst in meinen Adern, lebt in meinen

Genen. Ich bin ein lebendes Produkt, ein Kind der Lebensenergie. Aus dieser Kraft schöpfe ich meine Kraft.

Sie ist mir ganz und gar vertraut. Und dennoch reicht sie weit, weit über mich und alles Menschliche hinaus. Sie kommt von weit und reicht noch weit. Sie bringt mich immer neu ins Staunen. Ehrfürchtig nehme ich sie wahr und beuge mich vor ihrer unerschöpflichen Potenz.

Leben

speiender Vulkan
wuchernde Kraft
unerschöpfliche Quelle
unbegrenzte Vielfalt

immer in Bewegung
gärst brodelst formst
neue Horizonte
und Gestalten

treibst
kaum abgebrochen
wieder aus
fruchtbare große Mutter

aus dir geboren
bin ich Teil von dir
bleibst mir
ein Geheimnis

Es gibt eine Reihe von Theorien darüber, wie sich über unermesslich lange Zeiträume hin aus lebloser Materie lebende, immer kompliziertere Organismen entwickelten. Vielleicht entstand Leben im Umfeld heißer Tiefseequellen, vielleicht im sonnenwarmen Küsten-Brackwasser der Kontinente. Ein kleiner Anfangsschritt und eine gewaltige Entwicklung und Wirkung! Ein faszinierendes Wunder!

Wie großartig es uns erscheint: Es war nichts Übernatürliches dabei im Spiel. Was sich auf unserem Planeten über Jahrmilliarden entwickelte, hielt sich in jenen Grenzen auf, die diesem Kosmos und den in ihm waltenden physikalischen Kräften bzw. den Bedingungen, wie sie auf unserem Planeten herrschten, immanent sind. Wir nehmen es zur Kenntnis: Materie ist nicht tot. Sie enthält die Option Leben, das sich unter bestimmten Bedingungen entfaltet. Wir haben nicht entfernt alle Prozesse dieser Dynamik verstanden. Aber wir kommen immer ein bisschen voran.

Überall gibt es noch viel zu entdecken: Die Entstehung des Universums, die dabei wirkenden kosmischen und subatomaren Kräfte, die Bildung unserer Heimatgalaxie, unseres Sonnen- und Planetensystems, der Vorgang der Geburt des Lebens und die Wege der Evolution, die Entschlüsselung der DNA, der verwirrende Aufbau der genetischen Codes unseres und allen anderen Lebens, die komplizierten Vorgänge in unserm Gehirn und in unseren Nervenbahnen, die vielen noch gar nicht entdeckten, geschweige denn gelüfteten Geheimnisse der Tier- und Pflanzenwelt: das alles sind Erscheinungen dieser Urkraft des Lebens, die mich umgibt, die mich ermöglicht hat, der ich mich verdanke.

Das alles erlebe ich als staunenswert und wunderbar. Nicht nur deshalb, weil wir noch nicht alles durchschaut haben. Sondern vor allem, weil es von einer ungeheuren Dynamik beseelt ist, die mir den Atem raubt. Ich glaube, selbst wenn einmal alles erforscht, alles verstanden sein sollte, gibt es nicht weniger Grund, der darin sich zeigenden Kraft des Lebens mit Ehrfurcht und Staunen zu begegnen.

Dieser im wahrsten Sinne des Wortes universalen Kraft oder Energie, die Quelle des Lebens auch auf unserm Planeten ist, gebe ich den Namen: *das Große Ganze*. Ihr bin ich ganz und gar verpflichtet. Sie hat alles hervorgebracht, was ist. Sie hält alles Lebendige in Bewegung. Diese Lebenskraft hat auch mich ermöglicht. Sie hat mich gemacht, auf langen Wegen der Evolution. Sie ist weiter überall am Werk, im Großen und im Kleinen. Sie ist die Bedingung des Lebens.

Eingebettet in die lebensspendende Dynamik des Großen Ganzen habe ich Teil an ihrer Kraft. Ich stamme aus ihr, sie umgibt mich überall, sie speist mein eigenes Leben. Sie durchflutet mich und alles, was ist. Ihr verdanke ich mich. Ich bin ein Teil von ihr. Sie ist für mich der Garant, dass ich nicht verloren bin in einer sinnlosen Welt. Ich bin ein wenn auch kleiner Teil des Großen Ganzen. In mir verkörpert sich das Ganze.

Ein starkes Wort! Eine weitreichende Einsicht: Das Große Ganze umgibt mich nicht nur. *Ich bin ein Teil von ihm. Es lebt in mir.* Es lebt durch mich – im Verbund, im Kontext mit vielen anderen. Ins Zusammenspiel des Gesamten bin ich miteingebunden. Im Ganzen bin ich als Teilchen aufgehoben. In diesem Ganzen des Lebens darf ich leben und bin wichtig.

Als Ausdruck und als Teil des Großen Ganzen finde ich die Antwort auf meine existentiellen Grund-Fragen: Woher komme ich? Wer bin ich? Wie finde ich meinen Platz? Der Blick aufs Große Ganze zeigt mir: Das Leben, das mich möglich machte, gibt mir einen Platz im Kontext des Lebens. Es will mich und trägt mich. Deshalb halte ich mich ans Leben.

Denn alles Menschsein ist gezeichnet von Angst, von einer tiefgreifenden Verunsicherung über seinen Platz in der Welt. Es ist eine Angst, die, soweit man sehen kann, nur den Menschen beherrscht. Sie entstand unvermeidlich in dem Maße, wie der Mensch mit wachsendem Gehirnvolumen sich seiner selbst bewusst wurde und damit aus der für alle Pflanzen und Tiere geltenden unhinterfragten, symbiotischen Einheit mit der Natur herausfiel. Er muss nicht vorgeformten Antrieben folgen; er besitzt Alternativen. Er hat die Fähigkeit, sein Verhalten zu reflektieren. Er muss sich entscheiden. Er sieht sich einer mehrdimensionalen, komplizierten Lebenswelt gegenüber, die er nicht in der Lage ist, vollständig zu durchschauen.

War den Vorläufern der menschlichen Spezies wie allen Lebewesen ihr Lebenssinn (als Drang des Lebendigen) vorgegeben, sah sich der Mensch mit wachsendem Gehirn und wachsendem Bewusstsein immer mehr genötigt, sich die erschreckenden Fragen nach dem Sinn seiner Existenz jetzt selbst beantworten: Wer bin ich? Wer soll ich sein? Wozu bin ich da? Wo gehöre ich hin? Warum bin ich gemacht? Wie soll ich mich verhalten? Worauf kann ich vertrauen? Wohin soll es mit mir gehen?

Dass er seinen Platz im Leben und damit seinen Wert nicht von vornherein besitzt, sondern dass er ihn immer erst finden muss, stürzt ihn in eine unausweichliche Urangst. Er braucht, um in dieser Welt leben zu können, etwas, das ihm die Grundsicherheit zurückbringt, ein Ur-Vertrauen. Das ist der Motor allen religiösen Suchens und aller rituellen Praktiken. Es ist die Geburtsbedingung der Religion.

Indem der Mensch nicht mehr nur instinktmäßig handelt, sondern Bewusstheit entwickelt, sich selbst in Frage stellen und alternativ denken und handeln kann, ist er gezwungen auf eignes Risiko zu entscheiden. Er muss einen Entwurf von sich und der Welt machen, muss prospektiv handeln und weiß nicht, ob es richtig ist, was er tut. Er entwickelt immer mehr Fähigkeiten und Fertigkeiten, sich der Natur zu bemächtigen. Aber er weiß nicht vorweg, ob es gut ist oder nicht, was er tut. Er muss entscheiden. Er bekommt Verantwortung. Dazu benötigt er einen Grund-Halt und eine Grund-Orientierung.

In unnachahmlicher Weise reflektiert die biblische Urgeschichte die mit seiner Bewusstheit aufgekommene Verunsicherung des Menschen. Nachdem er, wie es der Mythos der Sündenfallgeschichte (Gn 3) in poetischer Dichte schildert, vom Baum der Erkenntnis aß, und so der paradiesischen Einheit von Schöpfung und Geschöpf verlustig ging, gehen ihm die Augen auf und er gewahrt, dass er nackt, dass er schutzlos ist. Nur mit einem Feigenblatt kann er seine Blöße bedecken (Gn 3,7), und er fürchtet sich (Gn 3,10). Keiner kann sich dieser Angst und diesem Bedürfnis nach Sicherheit entziehen, auch wenn er sie sich nicht bewusst macht. Aber insbesondere in persönlichen Engpass-Erfahrungen und Bruchsituationen des Lebens, etwa in der Begegnung mit dem Tod oder nach schweren Schicksalsschlägen oder in Lebenskrisen, drängen die Fragen nach Sinn und Halt an die Oberfläche und werden explizit: Warum ich? Was soll ich jetzt tun? Was hält mich? Wofür bin ich überhaupt da? Dann braucht der Mensch eine Antwort, die ihn persönlich meint, mit der er sich als Individuum seiner angeschlagenen Existenz versichern und den Sinn seines verunsicherten Lebens festhalten kann. Darauf versuchen in der Regel die Religionen eine Antwort zu geben. Es ist eine weit in die Menschheitsgeschichte zurückreichende, allmählich entstandene Verunsicherung; und ebenso alt sind die Versuche, einen Halt zu finden, ebenso alt ist die Religion.

Schaue ich mich um, finde ich mich *eingebettet* und eingebunden *in Leben*. Das ist meine persönliche Antwort auf die Grundangst meines und allen Lebens. Ich bin *mit dem Großen Ganzen verbunden*. Es ist das Leben selbst, das mir alle Fragen beantwortet. Das Leben, also letztlich das Große Ganze, sagt ja zu mir. Ich bin Leben, also darf ich leben im Kontext des Lebens, das mich umgibt und zu dem ich gehöre.

Diese Einsicht erscheint selbstverständlich und einfach. Sie ist es auch. Warum sollte sie kompliziert sein? Sie ist die Fortsetzung der jahrmilliardenalten Sicherheit auf höherem Bewusstheits-Niveau. Jedes Lebewesen zehrt von ihr. Sie ist leicht fassbar, auch für die, die ihre Einbettung ins Große Ganze ohne zu reflektieren in Anspruch nehmen. Sie ist einfach und entlastend und jedermann zugänglich.

Doch gibt es einen entscheidenden Unterschied: Was für die Kreatur vorgegeben ist, muss vom Menschen ergriffen werden. Was für die Vorstufen des Menschlichen selbstverständlich war, bedarf jetzt der Zustimmung des Menschen. Das bedeutet, er kann das Ja des Lebens auch verfehlen. Je mehr Erkenntnis und Bewusstheit, desto höher die Verunsicherung, desto dringender das Bedürfnis nach Halt. Kein Wunder, dass der Religion in der Geschichte des Lebens eine zentrale Bedeutung zukommt.

Manche – moderne – Menschen erleben sich zwar so, als seien sie im Blick auf die Sinn- und Haltfindung für ihr Leben vollständig auf sich gestellt, als ginge das Leben erst mit ihnen los, als müssten sie die Last der Begründung ihres Dasein selbst und ganz allein tragen. Öffne ich aber meine Augen und meine Sinne, dann entdecke ich, dass um mich herum, und auch in mir, längst das Leben blüht. Wenn ich mich diesem Leben überlasse, wenn ich ihm Raum gebe in mir, dann weiß ich mich sicher und gut aufgehoben.

Mehr muss nicht sein. Ich weiß: Auch ich bin lebendig, ich gehöre dazu. Das Leben verbindet uns alle. Das Große Ganze, das sich im Leben verkörpert, will mich und dich. Ich bin ein kleiner Teil von ihm, nicht mehr, doch auch nicht weniger. Ich komme aus Leben, ich darf leben, ich soll leben. Das gilt mir und das gilt jedem Leben.

So beantworte ich die Fragen nach meinem Woher, Wie, Warum und Wohin. So finde ich einen sicheren Platz in der Welt. Ich weiß: Das Große Ganze sagt ja zu mir. Und es ist mir ganz nah. Es ist in mir und um mich, ich muss keine Anstrengung unternehmen, keine Bedingung erfüllen, um mich seiner zu versichern. Es steht mir jederzeit offen, ist nicht nur denen vorbehalten, die sich wohlverhalten oder zu einer bestimmten Überzeugung bekennen. Es schließt jeden und alles ein, ist inkludierend. Es ist in keiner Weise exklusiv. Mein Beitrag, mein Zutun besteht allein darin, dass ich mich einbette in dieses Große Ganze. Dass ich es mir bewusst mache, mich darauf verlasse, wie jedes Tier es tut und jede Pflanze.

Das Große Ganze nenne ich, wenn ich mich im Rahmen der traditionellen, religiösen Sprache bewege, „Gott". Das wird man für einen Pfarrer nicht gerade als befremdlich empfinden; aber für Menschen, die zur Religion in Distanz stehen, bedarf es der Erläuterung, insoweit ich mit ihnen im Gespräch bin und unser Ziel ein gegenseitiges Verstehen ist.

Viele Menschen machen einen Bogen um dieses Wort „Gott", sie verbinden ungute Assoziationen mit ihm. Manche lehnen es zum Beispiel ab, weil sie die Kirche ablehnen. Manche meiden es, weil ihnen darin zu viel Spekulatives anklingt. Für manche schwingen im Gebrauch des Wortes zu viele kindlich-kindische Vorstellungen mit, etwa von einem irgendwo thronenden alten Mann mit langem Bart. Vielleicht fühlen sie sich wohler, wenn ich vom Großen Ganzen spreche. Aber es kommt nicht auf das Wort an, sondern auf das Gemeinte.

Vielleicht haben andere meine bisher verwendete Formulierung vom Großen Ganzen längst für sich mit „Gott" übersetzt. Es ist der vertraute Begriff. Auch für mich gilt das natürlich: „Gott" als der Inbegriff des Lebens, als der Schöpfer des Lebens, als das Leben selbst. Aber dieser Begriff transportiert zugleich diverse Vorstellungen, die ihn belasten und verunklaren. Darüber werde ich unten genauer nachdenken. Andererseits ist das Wort durch Jahrtausende gefüllt und bewährt. Jahrtausende lang haben Menschen ihre Einbettung und ihr Vertrauen in das Leben mit diesem Wort gebündelt: Wir sind geborgen bei „Gott".

Deshalb kann ich, wenn ich mein Aufgehobensein in der Welt beschreiben will, auch sagen: Ich bin „Gottes Geschöpf". Ich weiß mich gehalten, begleitet, umgeben von „Gott", was auch immer mein Leben mir beschert. Ich bin nicht ausgeliefert an eine willkürliche, fremde Welt, sondern ich bin, um es in der biblischen Bildersprache zu sagen, „Gottes Kind". Das wird mir ins Leben mitgegeben, und das kann mir nicht genommen werden. Als Teil des Ganzen bin ich mit allem verbunden. Als ein Einzelglied bin ich aufgehoben im Gefüge des Großen Ganzen, „bei Gott". Da weiß ich mich erwünscht und geborgen. So formuliert es das Psalmwort: „Von allen Seiten umgibst du mich und hältst deine Hand über mir" (Ps 139,5).

Mit dem Wort „Gott" haben fast alle Völker und Religionen der Welt ihr Sehnen und Suchen nach einem grundsätzlichen Halt, Sinn und Heil für ihr Leben beschrieben. Deshalb ist auch hier davon zu reden. „Gott" bzw. „das Göttliche", oder auch die „Götter- oder Geisterwelt" sind Metaphern für eine haltgebende Antwort auf die Grund-Angst und Sinnsuche des Menschen. Diesen Halt, diese Grundsicherheit, suchten sie außerhalb ihrer selbst, je mit dem Verstehenshorizont, der ihnen zugänglich war. Das Wort beschreibt die Verankerung des einzelnen Individuums im großen Kontext, es weitet den Blick für das, was für alle der Urgrund ihres Lebens ist.

Dabei entwickelte sich die Antwort auf die Frage, was uns Halt gibt, im Lauf der Menschheitsgeschichte von animistischen Vorstellungen einer Geisterwelt über polytheistische Vorstellungen einer Götterwelt bis hin zu monotheistischen

Überzeugunggen von dem einen „Gott", der alles in allem ist. Gleichzeitig erfuhren die Vorstellungen vom Göttlichen eine allmähliche Verlagerung von außen nach innen, von einer die Menschen umgebenden dinglichen Geister- und Götterwelt hin zu einem innerlichen Gottesverhältnis, einem „Gott" im eigenen Herzen.

Wenn einer von „Gott" spricht, ruft er eine Fülle von Vorstellungen und Bildern hervor, je nachdem, in welchem Kontext er lebt. Im Christentum sind das zum Beispiel Vorstellungen von „Gott" als dem „Schöpfer", dem gütigen „Vater", dem „Herrn", dem „Herrscher", dem „Herrn der Heerscharen", dem „Allmächtigen" und so fort. Mit all diesen Namensgebungen sind jahrtausendealte Bilder und Zuschreibungen verbunden. So von „Gott" zu sprechen, heißt, sich einer bildhaften, symbolhaften Sprache zu bedienen. Vielen ist das sehr vertraut. Seit Menschengedenken haben Völker in einer religiös dominierten Welt kaum hinterfragt von „Gott" geredet.

Das ist seit der Aufklärung nicht mehr selbstverständlich und heute, wo unser Denken wissenschaftlichen Grundsätzen verpflichtet ist, nicht mehr ohne Erklärungen möglich. Die Vokabel „Gott" bedarf der Erläuterung, sie verleitet zu Missverständnissen. Sie beschreibt ein besetztes, unterschiedlich in Beschlag genommenes Wort. Leicht denkt jeder seine Vorstellungen hinein oder kann sich nur schwer von vorgegebenen Interpretationen lösen.

Wenn ich das Wort „Gott" mit dem fülle, was ich das „Große Ganze" nenne, also die mich und alles Leben und alle Welt bestimmende, Leben schaffende Energie damit beschreibe, dann ist das ein Versuch, die fundamentalen Erfahrungen der Menschheit bei ihrer Suche nach Sinn, nach Sicherheit und Heil zusammenzuführen mit den vom wissenschaftlichen Denken bestimmten Weltbild der Moderne. Spreche ich so von „Gott", entferne ich mich nicht aus jenem nach meiner Überzeugung für alles, was ist, einzig möglichen Zugang zu den Erscheinungen meiner Welt, nämlich dem, den mir die Wissenschaft eröffnet. Es verlangt nicht von mir, eine andere Wirklichkeit hinter der fassbaren zu postulieren. „Gott", das Große Ganze, von dem ich hier rede, ist etwas sinnlich Fassbares, jedermann zugänglich und vertraut. Und ich verstehe „Gott" und mich selbst in der Einheit allen Seins verbunden; „Gott" das Gesamte, ich ein Teil.

Wenn ich hier von „Gott" rede, bedarf das für mich gleichwohl noch weiterer Erläuterungen. Um kenntlich zu machen, dass ich das Wort „Gott" in einem speziellen, erklärungsbedürftigen Sinn verwende, setze ich es in Anführungszeichen.

Die erste Erläuterung ist: *Wenn ich im Folgenden von „Gott" spreche, dann nicht als von einer manifesten Person.* Die Vorstellung, „Gott" sei eine männliche, insbesondere väterliche (oder im Zuge der Gendergerechtigkeit: eine zugleich weibliche, mütterliche) *Person*, gilt allgemein als Kernbestandteil nicht nur des christlichen Glaubens. Das ist verständlich, und es hat auch sein Gutes. Darum muss ich etwas ausführlicher darüber handeln.

Verstehe ich „Gott" als Person, dann kommt „er" (oder „sie", wenn ich sie feministisch interpretiere) mir nah. Mit dieser Vorstellung bediene ich mich einer menschlichen, „anthropomorphen" Redeweise, die die Gottesvorstellung für mich fühlbar macht. Sich „Gott" als eine Person, als Vater oder Mutter, zu denken, hat etwas Zugewandt-Begreifbares, Familiäres. Es macht „Gott" fassbar und erzeugt vertraute Gefühle. So kennen es die meisten Menschen aus dem Vaterunser. Ich komme mit „Gott" auf du und du. Es ist eine freundliche Redeweise.

Aber auch eine missverständliche. Wenn ich sie gebrauche, verwende ich ein Bild, eine Metapher. Die steht in Gefahr, sich zu verselbständigen. Will ich mich in den Grenzen von Vernunft und Verstand bewegen, muss ich sagen: Das Große Ganze, das ich „Gott" nenne, die Dynamik des Lebens, erlebe ich *wie* etwas wohlwollend Väterlich-Mütterliches, mir mein Leben Ermöglichendes. Im Blick auf das Große Ganze (auf „Gott") fühle ich mich *wie* ein Kind zu seinem Vater oder zu seiner Mutter. Ich bleibe dann im Raum und Rahmen einer bildlichen Aussage, menschlicher Vorstellungen und Analogien. Insoweit kann das Bild vom Vater (oder der Mutter) stimmig sein.

Macht man aus dieser Vorstellung von „Gott" jedoch eine Ist-Aussage, als wäre „Gott" ein Vater, eine Mutter (und das tun sehr viele Menschen und leiten daraus allerlei weitere elterliche Verhaltensweisen „Gottes" ab – zum Beispiel vom belohnenden oder strafenden, vom zornigen oder liebevollen, vom rachsüchtigen oder versöhnlichen „Gott"), benähme man sich wie ein Kind, das nicht aufhören möchte, an den Weihnachtsmann mit Sack und Rute zu glauben. Irgendwann merkt es schon, dass der Papa hinter dem weißen Bart steckt. Dann muss es die Verkleidung als Metapher entlarven. Täte es das nicht, dann bliebe das Kind infantil stecken, und, auf die Metapher „Gott" übertragen, „Gott" bliebe zeitlebens eine Art Weihnachtsmann.

Auch innerhalb der Theologie empfinden Menschen das ungeschützte Reden von „Gott" als missverständlich. Bereits in den biblischen Schriften gibt es diverse Versuche, „Gott" anders zu beschreiben; etwa als den oder das Namenlose („Ich bin der ich bin"; Ex 3,14), oder als „Geist" (Gn 1,2 u.a.), als „Lebensodem" (Gn 2,7 u.a.), als sanftes, leises Säuseln (1 Kön 19,12), als das „Wort" (Joh

1,1), das „Licht" (1.Joh 1,5) oder „die Liebe" (1.Joh 4,16), wenn solche Umschreibungen auch Ausnahmen bleiben.

Aussagen darüber, wie „Gott" *ist*, nennt die Theologie „theistisch". Solche Aussagen nageln die Gottesvorstellung quasi fest, machen aus einer bildlichen eine Seins-Aussage, die geglaubt werden muss. Wer solche manifesten, „theistischen" Gottesaussagen meidet, weil er die Vorstellung nicht als hilfreich empfindet oder weil sich sonst sein Verstand sträuben würde, wählt lieber Umschreibungen, etwa „Gott ist in meinem Herzen". Das kann sich durchaus decken mit jener Einsicht eines Menschen, der seine Welt mit jenen Begrifflichkeiten beschreibt und versteht, die ihm die moderne Wissenschaft zur Verfügung stellt, der sich aber zugleich von der Dynamik des Lebendigen ergriffen weiß und weiß, dass er Teil des Lebens ist, dem er sich verdankt.

So haben auch Mystiker ihre Gottesbeziehung beschrieben: als eine Erfahrung, von der sie im Innern erfasst sind, die sie im Wesen mit „Gott" verbindet.

Das Christentum besitzt eine breite mystische Tradition. Ich sehe in ihr vor allem das Bemühen, die Gottesbeziehung von innen her zu beschreiben und damit dem Menschen nahezubringen; nicht als etwas, „an" das ich glauben muss, sondern etwas, das mich im Innersten bewegt, das ich bei mir habe, das ich lebe. Will ich dann sagen, wer oder was „Gott" für mich ist, gibt es dafür nur Bilder und Umschreibungen.

Ein in Predigten gern zitiertes Beispiel der Umschreibung dafür, „Gott" in der eigenen Erfahrung, im eigenen Gefühl zu verankern, findet sich in folgendem, schon aus dem 14. Jahrhundert stammenden, eingängigen alten Gedicht:

Gott hat keine Hände,
nur unsere Hände,
um seine Arbeit heute zu tun.
Er hat keine Füße,
nur unsere Füße,
um Menschen auf seinen Weg zu führen.
Gott hat keine Lippen,
nur unsere Lippen,
um den Menschen von ihm zu erzählen (...)

Wer so von „Gott" redet, redet von einem erfahrbaren „Gott". Dieser „Gott" *ereignet* sich dort, wo Menschen sich auf eine qualifizierte Weise, nämlich in Verbundenheit, sich zuwendend, mit Liebe, begegnen. Wer so von „Gott" redet, für den ist „er" nicht eine außerweltliche Person, sondern schildert eine qualifizierte Art des Umgangs miteinander, ein zwischenmenschliches „Beziehungsgeschehen", das sich jeweils im konkreten Verhalten von Menschen manifestiert.

Allerdings ist „Gott", verstehe ich „ihn" als das Große Ganze, für mich damit noch nicht ausreichend beschrieben. Diese Gottes-Definition ist zu eng. Denn sie bezieht sich nur auf das Verhältnis zwischen Mensch und Mensch. Sie erweckt außerdem den Anschein, als verkörpere „Gott" nur das Gute, nur die Liebe. „Gott" als das Große Ganze ist für mich aber nicht nur ein bestimmtes Geschehen zwischen Menschen, sondern weit darüber hinausgehend die Lebenskraft, die alles, was ist, natürlich auch die Menschen, durchflutet.

Wer „Gott" als unsere Hände, Füße, Lippen usw. definiert, hat jedoch erst einmal den Vorteil, dass er sich der Bildhaftigkeit seines Redens von „Gott" bewusst bleibt. In diesem Sinn kann man auch von „Gott" als dem „Vater" oder der „Mutter" reden. Verstünde man dieses Bild dagegen als Realität und leitete daraus irgendwelche Verhaltensweisen des Großen Ganzen ab, dann würde man menschliche Familien-Erfahrungen gewissermaßen an den Himmel beziehungsweise in den Kosmos projizieren, man würde Seins-Aussagen über „Gott" machen, die keine Realität in sich tragen. Das ist in der religiösen Tradition sehr oft geschehen, und auch die biblischen Schriften sind davon durchsetzt. Aus dem Bild „Vater" werden dann Aussagen abgeleitet, wie dieser „Gott" sich als Vater verhält (zum Beispiel gütig, liebevoll, enttäuscht, zornig, strafend). Die Vorstellung wird so bekleidet mit all jenen Attributen, wie sie sich aus persönlichen, menschlichen Erfahrungen und Vorstellungen mit dem Wort „Vater" ableiten lassen. Jetzt verhält sich mein „Gott" nicht *wie* ein Vater, sondern er *ist* ein Vater. Das ist die Rückprojektion. Auf diese Weise verdinglicht sich die religiöse Vorstellungswelt. Bild und Realität, Phantasie und Wirklichkeit werden vermischt.

So von „Gott" als väterlich-mütterlicher Person zu reden, birgt auch noch eine weitere Gefahr. Es verführt zu einer strukturellen Infantilität, zur Verkindlichung. Wer so redet und denkt, macht sich „Gott" gegenüber zum Kind. Damit kommt er natürlich einem tiefen, meist unbewussten Bedürfnis vieler Menschen nach elterlicher Fürsorge nach. Das kann wohl in bestimmten Lebenssituationen auch hilfreich sein. Aber als Ausdruck der generellen „Gottes"-Beziehung ist eine solche Eltern-Kind-Vorstellung nicht besonders stimmig. Sie hält Menschen in Abhängigkeit und erschwert das Erwachsenwerden. Nur weil wir uns daran gewöhnt haben, dass die religiöse Sprache und Gedankenwelt von dieser Kindersicht durchzogen ist, wird uns nicht immer bewusst, welche Zumutung an die Kindlichkeit unseres Denkens, Fühlens und Glaubens solche Vorstellungen und Bilder darstellen.

Trotz dieser Einschränkungen ist klar: Denkt man sich „Gott" als Vater, als „Papa" („Abba", wie Jesus sagte, z.B. im Vaterunser, Mt. 6,9), oder als Mutter, dann tut sich eine warme, vertraute Familienatmosphäre auf. Dann ist „Gott" als das Große Ganze mir nah. Dann weiß ich mich sozusagen in guten Händen. Deswegen redet der Volksmund auch gern vom „lieben Gott". Deshalb gibt es auch gute Gründe, auf diese familiäre Redeweise nicht zu verzichten.

Man könnte sagen, dass vom „Großen Ganzen" zu sprechen demgegenüber erst einmal abstrakter, unpersönlicher wirkt, als wäre „das Ganze" etwas Fernes und Theoretisches; aber im Grunde ist es viel konkreter und greifbarer als ein „Gott", der immer nur als Metapher, als Bild unserer Phantasie existiert. Die väterlich-mütterliche Vorstellung gibt der Gottesvorstellung lediglich ein vertrautes Gesicht. Mit dem Großen Ganzen als der Kraft des Lebens hingegen bin ich jederzeit und überall ganz unmittelbar, mit jedem Herzschlag, mit jedem Atemzug, und ohne Anstrengung verbunden, den sie umgibt mich und ist in mir – und kommt damit einer mystisch verstandenen Gottesbeziehung sehr nah: „Gott" ist in mir, um mich und überall da. Aber manchmal liegt uns die in doppelter Hinsicht vertraute Vater- oder Mutter-Metapher mehr.

Für Menschen, die sich dem wissenschaftlichen Denken verpflichtet fühlen, ist ein „Gott", der den Menschen als ein Wesen gegenübertritt, als eine Person, die menschlich redet und handelt, nicht fassbar. Der Verzicht auf solche personalen theistischen Aussagen kann deshalb auch sehr befreiend und entlastend sein; zum Beispiel wenn es um *das Beten* geht.

Als Jugendlicher tat ich mich schwer mit der Einseitigkeit meiner Gottesbeziehung; wenn ich zu „Gott" betete, herrschte sozusagen am anderen Ende der Leitung Schweigen. Da war keine Person, die mit mir redete, kein „persönlicher Gott", wie intensiv ich auch nachfragte. Mir ist dann irgendwann klargeworden, dass ich eigentlich Selbstgespräche führe, wenn ich mit „ihm" in Austausch bin. Diese Einsicht hat mir nichts genommen, im Gegenteil, sie war für mich befreiend.

Sie hat mir geholfen, mein *Beten* als eine Form der Selbstreflexion und des inneren Dialogs zu verstehen. Ich verstehe es als ein Verbindung-Aufnehmen mit „Gott" als dem Großen Ganzen, als ein innerliches Ausbreiten meines Lebens angesichts des Großen Ganzen, vor „Gott", „coram deo", wie es in der christlichen Dogmatik heißt. Ich setze mich dem Großen Ganzen aus, ich schließe mein Leben bewusst an das Größere an.

Diese Art des inneren Dialogs, dieses „Beten", war mir immer wichtig und hat mich mein Leben lang begleitet; oft als bewusstes Innehalten und als bewusste Zwiesprache; oft auch wie nebenbei, wie man Luft holt, ohne es zu registrieren. Ich kenne es ja gut, mit mir Selbstgespräche zu führen, mich in ein Ich und ein Du aufzuspalten, die

Argumente innerlich auszutauschen, mir Fragen zu stellen, auf Antworten zu hören, mir zuzureden, mir auch mal Vorhaltungen zu machen und mich sogar auszuschimpfen. Wenn ich einen solchen inneren Dialog führe, entwerfe ich mir einen Partner, wo ich in Wirklichkeit allein bin.

Vielleicht haftet dem auch etwas Kindliches an; Kinder reden mit Gegenständen, etwa mit ihrer Puppe oder mit ihrem Auto, wie mit Personen. Vielleicht empfinde ich es deshalb als etwas peinlich, wenn ich selber andere aus Versehen bei Selbstgesprächen belausche oder wenn mich andere bei irgendwelchen Murmeleien ertappen.

Gleichwohl ist es menschlich und verständlich und den meisten Menschen sehr vertraut. Natürlich weiß ich, dass die andere Person, mit der ich da rede, nur eine Imagination ist. Unter psychologischer Betrachtung ist das für mich aber verstehbar und stimmig. Mein innerer Dialog sprengt nicht die Grenzen der sinnlich erfassbaren Welt, er ist kein Wurmloch in eine andere Welt, er stößt sich nicht mit den Erkenntnissen meines Verstandes.

Insofern ist „beten" gar nichts Besonderes. Die meisten Menschen kennen das aus ihrem Leben. Im inneren Dialog, in meinen inneren Selbstgesprächen reflektiere ich meine Gedanken, Gefühle, Bedürfnisse im bewussten inneren Ankoppeln an das Große Ganze. Ich brauche dazu nicht irgendeine Bet-Haltung einzunehmen, die manchen vielleicht bei der Konzentration hilft. Ich brauche auch nicht eine persönliche Du-Anrede zu verwenden, um mich an das Große Ganze anzukoppeln. Wenn ich's aber tue, dann im Sinne eines Selbstgespräches. Doch ist weder Magie noch besondere Übung dazu erforderlich.

Eine zweite Erläuterung zum Gebrauch des Wortes „Gott" ist mir wichtig. Spricht jemand von „Gott", dann versteht er darunter in aller Regel nicht nur eine Person, sondern eine *transzendente* Person, die der Welt, der Menschheit, dem einzelnen aus einer geglaubten Wirklichkeit, in der er „wohnt", entgegenkommt und in diese Welt eingreift. Diese Vorstellung von einer anderen, einer spirituellen Wirklichkeit jenseits der offensichtlichen, mit den Sinnen fasslichen, einer „Glaubenswelt", zu der nur der Glaube Zugang hat, ist vielen Menschen vertraut. Sie ist aber für jene, die ihre Welt mit den Erkenntnissen und Methoden der Wissenschaft zu verstehen suchen, nicht fassbar und nicht nachvollziehbar.

Sich eingebunden zu wissen in das Größere, in den Gesamtzusammenhang des Lebendigen, braucht jedoch keine Vorstellung von Transzendenz. Es muss vom Menschen nicht verlangt werden, dass er seinen Verstand opfert, um mit „Gott" verbunden zu sein, dass er dort, wo sein Verstand nein sagt, anfangen muss zu glauben. Das Bewusstsein, ein Teil des Großen Ganzen zu sein, kommt aus ohne Transzendenzvorstellungen. Man kann aber sagen: Wer nach dem Ganzen fragt, zeigt eine *Offenheit für „das Spirituelle"*, soweit man unter dem Spirituellen die Anbindung an das Ganze des Lebens versteht. Die den meisten religiös eingebundenen Menschen vertraute Metapher von „Gott im Herzen" und das Bewusstsein, Teil des Großen Ganzen zu sein, sind sehr verwandte Formulierungen. Sie öffnen den Menschen für eine spirituelle Weite. Aber sie erfordern keine transzendenten Vorstellungen.

Weiß sich jemand erfasst und getragen vom Großen Ganzen, von der Dynamik des Lebens, dann ist er sich seiner Anbindung an das Größere, seinen Horizont Erweiternde bewusst. Er fühlt sich dem Ganzen verpflichtet, das alles, was ist, bedingt und umfasst, und das ihm als einzelnem Menschen vorgegeben ist. Die Metapher: *„Ich trage Gott in meinem Herzen"* beschreibt nichts anderes. Sie besitzt ihre persönliche Kraft darin, dass sie keinen transzendenten „Gott" postuliert, sondern „Gott" in der eigenen Erfahrungswelt verankert. Wenn einer mit dem Großen Ganzen, mit „Gott", *im Herzen verbunden* ist, dann verlässt er mit dieser Aussage nicht die reale Welt. Er benötigt nicht die Vorstellungen von einer anderen, göttlichen Wirklichkeit außerhalb seiner menschlichen.

Das Große Ganze ist zwar ausgreifend, umfassend, jedem und allem, was ist, vorgegeben; aber es ist nicht jenseitig. Sondern ganz im Gegenteil: Es ist im Hier und Jetzt sehr fassbar. Ich brauche nicht die Augen zu schließen und mich in eine religiöse Wirklichkeit hineinzuglauben; sondern ich öffne meine Augen und betrachte das Leben, das ich bin und das mich umgibt. Wer vom Großen Ganzen oder von der Dynamik des Lebens spricht, postuliert deshalb keine jenseitige Welt, die nur glaubend begriffen werden kann.

Menschliche Einsicht, menschliches Verhalten übersteigend, „transzendent", ist der Blick aufs Ganze nur in dem Sinne, dass sich einer mit ihm ankoppelt an das Gesamte, das weit über ihn und sein Leben ausgreift; das aber gleichwohl Teil der erfahrbaren Wirklichkeit bleibt. Er bleibt in den Grenzen, die die Physik ihm steckt.

„Gott" ist für ihn deshalb kein Wesen aus einer anderen Welt, einer Wirklichkeit hinter dieser Wirklichkeit. „Gott" ist vielmehr ganz nah, greifbar. Von „Gott" zu sprechen bedeutet dabei, von der Urkraft des Lebens zu reden, also von etwas, das zwar den Blick weitet, das auch über den einzelnen hinausgeht, zeitlich, räumlich, ursächlich, das ihm grundlegend vorgegeben ist und ihn, sowie alles andere, was ist, umschließt. Aber es ist zugleich etwas, das er nicht „glauben" muss, sondern das seinen Sinnen zugänglich ist, eine Erfahrung, die ihn und alles, was ist, durchzieht, durchweht, durchströmt. Diese Erfahrung übersteigt nicht das menschliche Maß. Sie kommt aus ohne eine spekulative dualistische Aufteilung der

Wirklichkeit in ein Diesseits und ein Jenseits. Sie bleibt im Rahmen dessen, was wir mit unseren Sinnen greifen können.

Die Suche nach „Gott", nach dem Spirituellen, nach dem, was das Leben „im Innersten zusammenhält", wie Goethe im Faust sagt, „was mich unbedingt angeht", wie der Theologe Paul Tillich es formuliert, also nach Halt und Sinn und Heil, bewegt grundsätzlich jeden Menschen; aber nicht jeder macht es sich bewusst oder verwendet dazu diese Terminologie.

Der Gottsucher, wie immer er sein Suchen auch beschreibt, öffnet die Augen und weitet das Herz für das Ganze. Denn diesen Grund-Halt, den ich für mein Leben brauche, kann ich nur in der Ankoppelung an das Ganze, nur im Kontext des Ganzen, nur eingebettet in alles andere Leben, finden. Das ist meine Einsicht und auch meine Gewissheit.

„Gott" als das Große Ganze ist überall präsent, ist allgegenwärtig, findet in allem, was ist, Ausdruck. „Gott" in diesem Sinne kommt nicht als Fremdes von außen, sondern ist in allem enthalten. Ich bin in ihm, er ist in mir. Von allen Seiten umgibt er mich. So haben es die Mystiker immer beschrieben.

Gott

Am Anfang war kein Wort,
am Anfang war nur Kraft,
war unerhörte Energie.

In ihr vorborgen
schlummerten die Möglichkeiten
und großen Lebens-Regeln.

Warum bist du einst geborsten?
Warum mit Krach und Blitz
zu dieser Welt geworden?

Fruchtbare Mutter,
aus dir ist gekrochen,
was uns ermöglicht hat.

Aus dir entbargen sich
die Bausteine der Welt,
vom Kleinsten bis ins Größte,

gebaren Raum und Zeit,
erstrahlten Licht und Wärme,
entstand Materie.

Auf langen Wegen
formten sich die Elemente,
durch Zufall und mit Sinn,

zu dem was uns betrifft:
zu Leben und zu Geist
und Seele und Verstand.

Warum? Ich weiß es nicht.
Auch weiß ich nicht, ob du ein Teil
von noch was Größrem bist.

Mit dir ging für uns alles los.
So nenn ich dich einstweilen:
Das Große Ganze. Gott.

Ich neige mich und staune
und nehme dankbar an,
was endlich zu mir kam.

Dieser „Gott" ist immer bei mir, „in ihm leben und weben wir", wie es Apg. 27,28 heißt. Ich kann ihn mal vergessen, so wie ich mich selbst manchmal vergesse und den Kontakt mit mir verliere. Aber immer bin ich von ihm umfangen. Dieser „Gott", dieses Große Ganze, ist handgreiflich, ist kein ferner und fremder, sondern ein ganz naher, verständlicher „Gott", von mir und von jedem zu erfahren und für jeden zugänglich. Ich kann ihn sehen, fühlen, hören, schmecken, riechen, beschreiben. So war es schon immer, seit der Kosmos besteht, und so wird es sein, solange er existiert. Ich bin Teil von ihm, weil ich Teil des Lebendigen bin.

Es ist deshalb nach meiner Überzeugung nicht so, dass sich „Gott" irgendwann auf dem Zeitstrahl menschlicher Entwicklung plötzlich und exklusiv einer begrenzten Gruppe von Menschen, und dann gleich ein für alle Mal, zu erkennen gegeben hätte. So erzählt es die Bibel, und so haben es Menschen wahrgenommen und für sich reklamiert. Sie haben, überwältigt von ihrer Erfahrung, ihre Gotterkenntnis als einmalige *Offenbarung* und sich als „erwählt" verstanden.

Aber „Gott" als das Große Ganze, wie er jedem in der Dynamik des Lebens entgegentritt, ist eine Erfahrung, die alle ohne Auswahl betrifft, die allen und jedem offensteht. „Gott" als das Große Ganze hat nichts Exklusives an sich. Er steht nicht der Welt gegenüber und erwählt sich auch nicht sein gehorsames Volk, als gäbe es nur diesen einen rechtmäßigen Zugang zu ihm. Er lässt sich nicht vereinnahmen und pachten, nicht von Juden, nicht von Christen, nicht von Muslimen oder welche Religion ihn auch für sich reklamiert. Er ist nicht an die Visionen einzelner Menschen gebunden. Exklusivität hat sich immer mit Intoleranz gepaart. Religionen, die Exklusivität beanspruchen, besitzen einen Geburtsfehler, aus dem im Folgenden viel Unheil erwuchs.

Den „Gott", der uns in der Dynamik des Lebendigen entgegentritt, von dem ich hier rede, gibt es von Anfang an und überall sozusagen mit freiem Eintritt. Er ist jedem ohne Vorleistung und kostenfrei zugänglich. Er offenbart sich jederzeit und überall, in der Natur und in der Geschichte, natürlich auch beispielhaft in Menschen.

Immer wieder gibt es solche Menschen, die in besonderer Weise ihre Verbundenheit mit dem Großen Ganzen in ihrem Leben verwirklichen, indem sie das Leben lieben, indem sie dem Leben Raum geben, indem sie für andere zu Vorbildern und Wegweisern werden.

Für mich persönlich war einer von ihnen Jesus. Wie Jesus, soweit wir ihn aus den Überlieferungen fassen können, von „Gott" redete, wie er Menschen in Unmittelbarkeit vor „Gott" brachte, empfinde ich als Mutmachung zum Leben. Er tat das in der Sprache und Gedankenwelt seiner Zeit, teilweise mit Vorstellungen, die dem naturwissenschaftlich geschulten Menschen von heute nicht mehr nachvollziehbar sind. Das Weltbild hat sich verändert; nicht jedoch das Grund-Thema: die Anbindung an das Große Ganze, an „Gott".

Solche Menschen gab es immer wieder und wird es geben, berühmte und unbekannte, die – immer in der Sprache und Gedankenwelt ihrer Zeit – „Gott", dem Großen Ganzen, in ganz besonderer Weise in ihrem Leben Raum geben. Sie weisen uns hin auf das Wesentliche, sie warnen uns vor Verirrungen, die dem Leben im Wege stehen, und werden so zu lebendigen Beispielen und Vorbildern.

Wollte einer, wann und wo auch immer, für sich reklamieren, dass seine Sprache, seine Vorstellungswelt oder sogar seine Person der einzig wahre Zugang zu „Gott", dem Großen Ganzen, sei, würde er die Zeit anhalten wollen. „Gott", das Große Ganze, ist, davon bin ich überzeugt, eine jederzeit mir und allen Menschen offenstehende

Erfahrung. Sie sagt mir, dass ich eingebettet bin in etwas Großes, in die Einsicht und das Erleben, dass ich Teil der Lebensenergie bin, die alles durchströmt, und der ich mich verdanke wie alles, was lebt und webt und ist.

Noch eine letzte Erläuterung möchte ich anfügen. Wenn ich von „Gott" rede, dann *spreche ich nicht von einem allmächtigen „Gott".* Ich spreche nicht von einem, der wie ein Marionettenspieler von außen in die Geschichte eingriffe. Spätestens nach den schlimmen Erfahrungen des Holocaust ist ein solches Gottesbild nicht mehr durchhaltbar, wie vor allem die Dichterin und Theologin Dorothee Sölle betont hat. Wer nach dem Holocaust (oder auch nach einer schlimmen Naturkatastrophe) an einen allmächtigen „Gott" glauben möchte, der alle Macht hat, in das Geschehen der Welt einzugreifen und die Naturgesetze zu durchbrechen, der noch dazu die Menschen liebt, sie aber zugleich ihrem grausamen Geschick überlässt, der verstrickt sich in unerträgliche Sackgassen.

Wie kann der gute, liebende und allmächtige „Gott" das nur zulassen? – Diese Frage stürzt gottgläubige Menschen seit eh in große Schwierigkeiten. Menschen haben versucht, alle möglichen aus meiner Sicht wenig überzeugenden Hilfserklärungen zu finden, wieso dieser „Gott" so mit seinen geliebten Kindern umspringt; etwa, „Gott" verzichte auf seine Macht und überlasse es der Menschheit, sich zu bewähren. Oder er prüfe sie, ob sie in Willens-Freiheit den richtigen Weg fände. Oder er verhänge solche schlimmen Strafen, weil sich die Menschen verfehlt hätten und er darüber zornig sei. Oder er verzichte auf seine Allmacht und stelle sich auf die Seite der Opfer, leide wie Christus mit ihnen mit. Solche Konstruktionen muten dem „Gott" der Liebe allerlei Grausamkeiten und bizarre Absichten zu. Ein solcher „Gott" wäre eher ein in sich gespaltenes Wesen oder ein sadistisches Monstrum, ein Menschenfeind. Er wäre ein zynischer, boshafter „Gott". Wer von „Gott" als dem „Allmächtigen" redet, landet nach meiner Überzeugung in Teufels Küche.

Gerade die Frage nach der Gottesgerechtigkeit (die Theologie nennt sie die Theodizeefrage), also die Frage, wie es der liebende, gerechte „Gott" zulassen kann, dass er seine Kinder manchmal so ungerecht behandelt, kann deutlich machen, in welche Sackgassen die Vorstellung vom allmächtigen, der Welt von außen gegenüberstehenden „Gott" führt. Ein solcher „Gott" bekommt monsterhafte Züge. Er wäre kein liebender „Gott".

„Gott", wie ich ihn verstehe, ist nicht allmächtig in dem Sinne, dass er sozusagen „von außen" die Naturgesetze durchstoßen und in diese Welt eingreifen wollte und könnte. „Gott" als das Große Ganze ist zwar allgegenwärtig, ist überall wirksam, ermöglicht als die Dynamik des Lebens allem, was ist, sein Sein. Aber „Gott" verhält sich nicht wie einer, der nach Lust und Laune von jenseits in die reale Welt eingriffe, wie ein hinter den Kulissen die Strippen ziehender Marionettenspieler. Solche abstrusen Gottesvorstellungen besiedeln bis jetzt die Vorstellungswelt vieler Menschen, die fürbittend zu ihm beten, er möchte doch dies und das tun oder lassen oder ermöglichen.

Ist „Gott" als das Große Ganze nicht allmächtig, dann ist „er" auch *nicht einfach „gut"* – so wenig die Natur und das Leben nicht einfach gut sind. Größtenteils ermöglicht zwar die Lebensenergie, das Große Ganze, uns das Leben. Und allermeist erleben wir unsre Einbettung ins Leben als wunderbar und die Natur als lebenspendend. Aber manchmal ereignen sich gemäß physikalischer Bedingungen Katastrophen, die wahllos und willkürlich Leben vernichten, manchmal sogar in ganz großem Stil. Fünfmal im Lauf der Erdgeschichte gab es Katastrophen unermesslichen Ausmaßes, die beinah das Leben ausgelöscht hätten, aus vermutlich unterschiedlichen Gründen. Und im kleineren Umfang gibt es sie immer wieder.

Die Natur besitzt keinen inneren Auftrag, menschliches (oder auch anderes) Leben vor allen Bedrohungen zu bewahren. Das Große Ganze ist eben nicht einfach lieb und gut, es hat keinen Sonderschutzvertrag mit der Menschheit, sondern es ist in seinen Wirkungen bisweilen auch grausam, so wie das Leben zwar überwiegend, aber nicht jederzeit gut für uns ist. Katastrophen sind die für unsern Planeten typischen Beimischungen zum Leben, wie es nun einmal die Erde erfüllt. Sie treffen die Guten und die Bösen.

Soweit die für mich nötigen Klarstellungen, wenn ich von „Gott" spreche. Wenn ich heute von „Gott" rede, dann bemühe ich mich so von ihm zu sprechen, dass meine Erfahrung und meine Überzeugung, mein Fühlen und mein Denken nicht überkreuz geraten. Lieber verzichte ich deshalb, um Missverständnisse zu vermeiden, auf das Wort „Gott". Dem Gottesbegriff haften allzu leicht die Transzendenz-, die Offenbarungs- und Almachtsidee an.

Lieber rede ich vom Großen Ganzen. Oder von der Lebensenergie, die alles Leben und alles, was ist, durchzieht, von der Kraft des Lebens oder einfach nur vom „Leben". Das ist für mich etwas mit meinen Sinnen Erfahrbares, gleichwohl etwas sehr Großes. Ich drücke damit aus, dass jedes menschliche und sonstige Leben für mich seinen Platz hat in einem großen Zusammenhang, dem es sich verdankt. Darin bin ich den Grundeinsichten der Mystik sehr nah.

Das Große Ganze, diese Urkraft des Lebens, kann, darf, soll und wird der Mensch weiter erforschen. Was dabei zu Tage tritt, bringt nicht nur mich immer wieder zum Staunen. Die Entwicklung des Universums und der Prozess des Lebens sind für mich „wunderbar"; aber sie sind nicht unfassbar oder unzugänglich. Sie sind Phänomene der einen, ungeteilten Wirklichkeit, die alles, was ist, umfasst.

Allerdings, auch wenn die Menschheit erst ganz wenig davon verstanden hat, ist dabei das bislang Unverstandene, im Moment noch nicht Erklärbare für mich nicht der Grund, ins Staunen zu geraten. Sondern es ist die allem innewohnende Dynamik. Sie lässt mich teilhaben an etwas Gewaltigem, Faszinierendem, das meine Existenz umgreift und sie übersteigt. Staunend stelle ich fest: Ich bin Teil von ihr. Ich bin dabei. Das kann ich erkennen, wenn ich denn nur hinschaue.

Ich bekenne damit zugleich, dass ich nicht in eine seelenlose, sinnlose Welt der Atome und Moleküle hineingeworfen bin, sondern dass sich diese Materie, indem sie sich aufeinander bezieht, entwickelt und Leben hervorbringt, als etwas zeigt, das mir und allem anderen um mich herum das Leben ermöglicht, dem ich mich verdanke und verbunden weiß. Deshalb ruft sie bei mir Staunen und Ehrfurcht hervor. Mit dem Wort „Gott" kann ich das unter den genannten Umständen ausdrücken. Ich kann es eventuell weniger missverständlich mit dem Wort vom „Großen Ganzen" beschreiben – oder auch noch ganz anders.

Rilke, der sich in seinen Gedichten immer wieder mit dem theistischen, transzendenten „Gott" abmüht, formuliert es so:

Alle, welche dich suchen,
versuchen dich.
Und die, so dich finden, binden dich
an Bild und Gebärde.

Ich aber will dich begreifen
wie dich die Erde begreift;
mit meinem Reifen
reift dein Reich.

Ich will von dir keine Eitelkeit,
die dich beweist.
Ich weiß, dass die Zeit
anders heißt
als du.

Tu mir kein Wunder zulieb.
Gib deinen Grenzen recht,
die von Geschlecht zu Geschlecht
sichtbar sind.

Es ist das Leben selbst, das Antwort gibt auf alle Fragen nach Sinn und Halt – wenn ich denn hinhöre. *Leben trägt für mich seinen Sinn in sich.* Es kommt von vorhergehendem Leben, ist gebettet in anderes Leben, und entwickelt sich als Leben weiter. Das ist alles. Und das ist das Große. Wenn ich nur auf mich selber starre, kann mir dieser Zusammenhang verloren gehen.

Gewiss kann ich die Augen verschließen und so tun, als sei ich allein in der Welt. Ich kann auch kurzsichtig nur in die Nähe schauen und mir einbilden, das entfernter Liegende habe keine Relevanz für mich. Ich kann mir einen selektierenden Tunnelblick zulegen und den Zusammenhang mit dem Großen Ganzen ausklammern. All das tun Menschen und haben sie getan. Subjektiv habe ich viele Möglichkeiten, mich dem zu entziehen, was mich umgibt. Aber ich werde es bezahlen mit einer Einbuße an innerem Halt und innerer Tiefe, und auch an äußerer Klarheit. Ich werde es bezahlen mit der Unsicherheit, wofür ich da bin, was meinem Leben Sinn gibt und wie ich mich verhalten soll.

Schaue ich auf das Ganze, bin ich gebunden und geborgen. Wenn ich den persönlichen, offenbarten, in einer mir nicht zugänglichen Transzendenz thronenden „Gott" in meinem Leben nicht finden kann, dann bedeutet das für mich also nicht, dass ich auf mich allein zurückgeworfen wäre, als könnte ich Sinn nur in mir selbst finden.

Vielmehr bin ich allenthalben eingebunden in Leben, weiß ich mich grundlegend verbunden, weiß, woher ich komme, wer ich bin, wohin ich gehe.

Ich unterscheide mich also von jenen Menschen, für die, weil sie keinen „Gott" außerhalb der Welt finden, der uns das Leben eingehaucht hätte, das, was ist, „bloß Materie" ist, als wäre das toter Stoff. Gewiss, alles ist „bloß Materie", aber diese Materie hat's in sich. Sie steckt voller Leben, voller Bewegung, voller Energie. Das, was ich mit Händen greifen, mit Augen sehen, was ich riechen und schmecken kann, ist mitnichten „nur" seelenlose Materie. Es ist lebendig. Wenn jemand, der in dem, was ist, „bloß Materie" sieht, wertet er die Materie ab und damit auch das, was sie hervorbrachte, das Leben. Materie entwickelt und entfaltet sich und erzeugt dabei Leben, auch mich. Deshalb erlebe ich sie als Mysterium und nenne sie beseelt.

Der ganze Kosmos (und im kleinen: die gesamte Natur) ist erfüllt von diesem Leben, dieser Dynamik, von Entwicklung, Veränderung, zugleich von Zugehörigkeit, Aufeinanderbezogensein und Kommunikation, und damit auch von Beseeltheit, Gefühl und Sinn, von Vielfalt und Schönheit, und er ruft deshalb Liebe, Glück, Wohlbefinden, Dankbarkeit, Achtung und Verehrung her-vor, genauso wie manchmal Angst und Schrecken; und zwar seit ewigen Zeiten und Menschengedenken.

Genau das sehe ich als die Voraussetzung dafür, achtsam mit dem Leben umzugehen; also Maßstäbe zu gewinnen für den Umgang mit der Natur, mit den anderen Lebewesen, unter den Menschen. Mit anderen Worten: die Anbindung an das Große Ganze, die Einbindung in die Gesamtheit des Lebens und die Achtung vor dem Leben insgesamt ist für mich die *Basis aller Ethik*. Darüber werde ich im nächsten Kapitel handeln.

Sowohl für meine eigene Daseinsberechtigung, von der ich oben handelte, wie für die Frage, was ich tun soll, was also gut und was böse ist, von der ich unten sprechen werde, brauche ich diese Achtung vor dem Leben, dem Großen Ganzen. Sie öffnet mir den Blick für meine Mit-Welt. Bin ich eingebunden ins Ganze, bin ich sein Teil, dann rückt mir zugleich alles andere Leben nah. Ich bin ihm verbunden wie ein Körperteil dem anderen, wie der Zeh dem Zahn.

Der wertschätzende, geschwisterliche, ins Ganze eingebundene Umgang mit dem, was lebt, wird so für mich zur Grundlage allen verantwortlichen Handelns. Was Leben verachtet, beeinträchtigt, beschädigt oder auslöscht, entzieht sich dem Zusammenhang mit dem Großen Ganzen. Nur wenn ich sehen kann, dass ich zum Ganzen gehöre und dass ich ein Kind des Ganzen bin, kann ich auch Verantwortung für das Ganze, also für das Leben, entwickeln.

Deshalb bin ich überzeugt: eine umfassende Ethik, die alles, was ist, umschließt, ist ohne Einbindung in das Große Ganze nicht möglich. Oder, wenn man es religiös formuliert: Verantwortung braucht „Gott".

Es ist meine Überzeugung, dass nur der Blick aufs Ganze, nur das Bewusstsein, vom Großen Ganzen getragen zu werden, den Menschen vor dem Chaos individueller Zufälligkeit und Beliebigkeit bewahrt. Ich bin nicht individualistisch in eine sinnleere Welt geworfen, sondern mit allem Lebendigen und sogar mit allem Nichtlebendigen, das dem Lebendigen vorausging, verbunden. Und das ist für jeden fühlbar. Ich stehe in einer langen Reihe des Lebendigen. Da gehöre ich hinein. Das macht mich sicher. Von da fließt mir Sinn und Verantwortung zu.

Ich brauche deshalb diese Einbindung meines Lebens in das Große Ganze. Kann ich „Gott" auch nicht in einem transzendenten Sinne wahrnehmen, so fühle ich mich doch rundum von „ihm" (im Sinne des Großen Ganzen) erfasst und umgeben. Ich brauche, um mich in meiner Welt zu verankern, das Bewusstsein, Teil des Ganzen zu sein, im Ganzen einen Platz zu haben.

Je älter ich werde, je begrenzter ich mich erlebe, umso wichtiger ist mir dieser Zusammenhang mit allem anderen, diese Perspektive, die nach dem Ganzen fragt. Mein Leben setzt mein

Fragen nach den Zusammenhängen, in denen ich mich bewege, nach meinem Woher und Wohin und Warum und Wozu immer neu, immer tiefer in Gang – „in wachsenden Ringen". Und wenn man so will, darf man es auch ein „Kreisen um Gott" nennen. So war es immer in meinem Leben. In diesem Sinne folge ich wiederum Rilke:

Ich lebe mein Leben in wachsenden Ringen,
die sich über die Dinge zieh´n.
Ich werde den letzten vielleicht nicht vollbringen,
aber versuchen will ich ihn.
Ich kreise um Gott, um den uralten Turm,
ich kreise jahrtausendelang;
und ich weiß noch nicht: bin ich ein Falke,
ein Sturm
oder ein großer Gesang?

Das Ganze scheint für mich hinter jedem Einzelnen auf als der Gesamtrahmen, in dem alles steht und ohne den es nicht stattfinden könnte. Das Große Ganze steht hinter allem und ist zugleich in allem enthalten. Jeder Teil trägt die Kraft des Lebendigen in sich. Dafür muss ich nichts tun. Es ist da. Ich bekomme es gratis zugesprochen. Über meiner Wiege steht unsichtbar der Satz: Du bist Teil des Großen Ganzen. Oder religiös: Du bist „Gottes geliebtes Kind". Ich trage die Leidenschaft des Lebens in mir wie mein Körper die Gene der Vorfahren.

Insofern alles, was ist, jedenfalls in unserem Universum, soweit wir wissen, sich aus den gleichen Stoffen entwickelte, das Organische aus dem Anorganischen, das Lebendige aus dem noch nicht Lebendigen, ist alles mit allem verbunden und gehört zusammen. Das eine baut auf dem anderen auf. Alles Leben auf der Erde besitzt das gleiche Bausystem, allem liegen die gleichen Lebensbedingungen zugrunde. In allem ist das gleiche Große Ganze wirksam. Insofern sind nicht nur die Menschen meine Geschwister, nicht nur die Tiere meine Verwandten und Vorfahren, nicht nur die Pflanzen meine Lebensgrundlage, sondern auch Berge und Täler und Wolken und Himmel und frisches Wasser und totes Gestein ist mit mir verbunden und verdient meine Achtung und Pflege. Um mit jenen bekannten Worten zu sprechen, die dem Häuptling Seattle in den Mund gelegt wurden: „Jeder Teil dieser Erde ist (...) mir heilig."

Verbunden sein mit dem Ganzen heißt, das Schicksal des Ganzen zu teilen, im Guten wie im Bösen. Das Ganze garantiert das Wohlergehen des einzelnen. Der einzelne erfüllt seinen Beitrag zum Ganzen. Ich kann nicht vom Ganzen profitieren wollen, ohne die Kosten mitzutragen – jedenfalls nicht auf Dauer.

Deshalb habe ich im Grunde keine Wahl: Will ich die Grundlagen, die mir das Leben ermöglichen, erhalten, dann muss ich mich verhalten wie einer, der mit allem, was ist, verbunden ist.

Dann muss ich allem, was lebt und webt, Raum geben und mich einreihen in das Große Ganze. Dann muss ich mich demütig dem Leben öffnen und alle Eroberungsmentalität ablegen. Dann darf ich mich nicht zum Herren aufspielen, sondern muss mich verhalten wie ein Gärtner, der von „Gott" in einen Garten Eden gesetzt wurde, „damit er ihn bebaue und bewahre", wie es in der (zweiten) biblischen Schöpfungsgeschichte heißt (Gn 2,15), wie einer, der über Natur und Kreatur ins Staunen gerät (Ps 8 u.a.), der den Lilien auf dem Felde zusieht, wie sie wachsen und den Vögeln, wie sie ihr Futter finden, ohne dass sie sich sorgen müssten (Mt 6,25ff), der auch dem unfruchtbaren Feigenbaum noch eine Chance gibt (Lk 13,6). Darüber wird im nächsten Kapitel genauer zu reden sein.

Ehrfurcht vor dem Leben

Dem Leben trauend fand ich meinen ersten Satz: Ich darf, darf sein und leben. Vertrauend auf das Leben weiß ich mich, das war mein zweiter, mit denen ganz verbunden, die meinem Leben sein Gepräge gaben; ich stimme zu, wie ich durch sie geworden bin. Dem Leben trauend, drittens, weiß ich mich – ein Teil des Ganzen – gehalten in der Welt. Und nun mein vierter Satz: Dem Leben trauend weist sich mir der Weg, was für mich selbst und für die Welt, in der ich bin, das Beste ist.

Wie finde ich meinen Platz im Leben? Wie definiere ich mich im Gegenüber zu dem, was mich umgibt, zu meinen Mitmenschen, zur Umwelt? Wie finde ich heraus, wie ich mich verhalten soll?

Die Antwort ist ganz einfach. Ich finde sie im Kontext des Lebendigen. Als kleiner Teil des Großen Ganzen finde ich meinen Platz im Leben. Als Teil, im Kontext vieler anderer, als Glied im weitverzweigten Netz des Lebenden; nicht so, als wäre diese Welt mit mir am Ziel. Nicht wie allein für mich gemacht, betrete ich die Welt, nicht wie ein Herr, ein Herrscher oder Herrenmensch. Vielmehr als Teil, wie alles Lebende mit gleichem Recht zu leben ausgestattet. Ich bin im Blick auf dieses Recht zu leben nur ein Gleicher unter Gleichen, bin eingebettet ins Lebendige, das mich in vielerlei Gestalt umgibt. Ich hab das Leben nicht gemacht. Ich komme her von Leben, dem ich mich verdanke. Ich bin mit dem, was mich umgibt, und dem, was mir vorauslief, eng verwandt. Es gäbe mich nicht, wenn andere mir die Tür zu diesem Weg nicht aufgeschlossen hätten.

Das Leben weist mir ganz von selbst den Weg in meine Welt und wie ich mich zu ihr verhalte, mich in ihr verständige. Es ist ein Weg, der auf das Ganze schaut, der sich verbunden sieht mit allem, was dem Leben Raum gewährt, was Leben schafft und der dabei *das Leben achtet*. Als Teil des Lebens sind wir allesamt mit gleichen Lebensrechten ausgestattet. Das sehe ich als Ziel und Auftrag für mich selbst, *zu tun, was Leben fördert und ihm dienlich ist*.

Das menschliche Leben, soll es dauerhaft gedeihen, benötigt das Bewusstsein dafür, woher es kommt. Das führt von selbst zu der Einsicht, dass alle mit allen zusammengehören. Wir alle zusammen bilden einen gemeinsamen Lebensleib. Wenn mir einer den kleinen Zeh abhackt, bekommen auch die Wirbelsäule und das Gehirn etwas davon ab. Alles wirkt letztlich mit allem zusammen. Aus dieser Erkenntnis folgt mit Notwendigkeit die Einsicht, dass wir mit allem Leben in Solidarität verbunden sind.

In der Natur, in der Tierwelt drückt sich das in einer unbewussten, impliziten, indirekten Solidarität aus: Sie lässt allem Raum, was sich entwickelt, soweit nicht anderes Leben den gleichen Raum beansprucht. Wo Platz ist, kann sich anderes beliebig entfalten.

Die Solidarität des *Menschen* andrerseits ist bewusst, explizit und offen. Der Mensch, weil mit Bewusstsein ausgestattet, wird seinem Platz im Ganzen gerecht durch eine *Ethik der Verbundenheit*. Es ist eine Haltung, die sich verantwortlich fühlt für das Wohlergehen aller. Sie erstreckt sich nicht nur auf das, was den eignen Interessen dient, sondern auch auf das, was nicht vor Augen liegt. Sie hegt und pflegt und schützt das Leben überall, soweit es erforderlich ist. Sie übernimmt auch für jenes Leben Verantwortung, das von sich aus nicht die Chance hat, sich zu entfalten, weil es benachteiligt, behindert, verfolgt und bedroht ist. Weil jenes grundsätzliche Ja des Lebens, von dem ich oben sprach, allen gilt, ohne Ansehen des eigenen Verdienstes, gilt die Solidarität des Menschen auch dem Unansehnlichen. So wie die Würde des Menschen unteilbar ist, ist auch Verbundenheit unteilbar.

In Solidarität verbunden zu sein, diese Überzeugung findet in der jüdisch-christlichen

Liebesethik, etwa im Doppelgebot der Liebe, eine besonders eindringliche und einprägsame Formulierung: „Liebe deinen Nächsten wie dich selbst" (Lev 17,8; Mk 12,29ff u.ö.). Es ist das Herzstück christlicher Ethik. Du kannst nicht sein ohne den und die anderen. Nur eine alle einschließende, also inkludierende Haltung wird dem Umgang mit anderen und damit Leben gerecht. Wer sich vom Großen Ganzen gehalten und getragen weiß, dem weitet sich der Horizont auf das Gesamte.

Aber diese Einsicht erstreckt sich meiner Überzeugung nach nicht bloß auf die Mitmenschen. Sondern sie betrifft alles, was lebt. Und darin geht sie über die übliche Interpretation des christlichen Liebesgebots hinaus. Sie beginnt bei mir selbst, umschließt weiter Mensch und Mitmensch, Nächste und Fernste, Unsympathische und Sympathische, Freunde und Feinde. Sie gilt aber ebenso der Mit-Kreatur, den Tieren, und auch der Pflanzenwelt und der Natur insgesamt.

Für mich ist diese Einsicht evident. Wer auf das Ganze schaut, nimmt alles wahr. Was immer ich im Blick auf mich, auf andre, auf alles, was mich umgibt, tue und lasse, ich tu es im Verbund, als Glied am gleichen Körper, in der *Solidarität des Lebendigen*.

Der größte Teil der Menschheit sieht das anders. Die meisten Menschen fragen nicht danach, was der Gesamtheit dient. In einer sich dauernd ausweitenden, immer unübersichtlicheren Welt schirmen sie sich ab und fragen nur nach dem, was *ihrem* Leben nutzt (oder, abgestuft, der Familie, der Peergroup, dem Verein, dem Ort, der Stadt, dem eignen Land), was ihnen jetzt gerade dienlich ist; nicht was dem Ganzen dient. Nicht Ein-, sondern Ausgrenzung ist ihr Leitwort.

Das betrifft den Umgang mit anderen Menschen, sei es ein Fremder, ein Andersdenkender und Anderslebender, sei es der Mensch von nebenan. Aber es betrifft noch viel radikaler den Umgang mit der Umwelt, mit Tieren, Pflanzen, der Natur insgesamt. Ihnen gegenüber wird Einbindung oder Abgrenzung am augenfälligsten.

Anknüpfend an die Schweizerschen Einsichten uns des Gesamte des Lebens in den Blick nehmend werde ich mich in den folgenden Kapiteln besonders auf das Verhältnis des Menschen zu Natur und Kreatur, insbesondere zu den Tieren, konzentrieren.

Die meisten Menschen betrachten insbesondere die Natur und Kreatur, die sie umgibt, als etwas Dingliches. Sie haben nur noch spärlichen Kontakt zu dem, was um sie lebt und webt. Ihre Lebenswelt ist künstlich, der Natur entfremdet.

Die Sprache des Lebendigen ist ihnen fremd geworden.

Unfähig zur Empathie, hören sie nicht auf das Seufzen der Kreatur, wie Paulus im Römerbrief schreibt (Rö 8,22). Sie erleben, was sich um sie regt und wimmelt, als tot und fremd und ohne Seele. Diese Haltung hat sich über die ganze Erde ausgebreitet wie eine unaufhaltsame Epidemie. Sie betrifft am stärksten die industrialisierten Länder dieser Erde. Aber sie macht keineswegs Halt vor den nicht entwickelten.

Der Mensch nimmt überall und dreist Besitz von dieser Erde, als wäre sie allein für ihn gemacht. In Gutsherrnpose schreitet er sie ab, misst sie mit seinem Zeugungs-Maß und vergewaltigt sie. Als hätte er das Recht, mit ihr zu machen, was er kann und will. Was kümmert ihn der Leidensweg der Kreatur, das stumme Schreien der Natur! Die Schmerzenslaute des Lebendigen verklingen ungehört.

Ganz selbstverständlich nimmt fast jeder Mensch für sich in Anspruch, die Erde, sei's im Großen oder Kleinen, nach seinen Ideen und Bedürfnissen zu gestalten (soweit die Nachbarn, die Gesetze, die Verhältnisse es erlauben). Menschen in aller Welt besiedeln die Erde, wo sie Platz finden, und ebenso gestalten sie ihren Kleingarten, wie es ihnen passt; sie roden die Wälder, bauen Straßen und Städte und Fabriken, wo sie es brauchen und hinterlassen ihren großen und kleinen Müll; sie vertreiben die Tiere, halten sie nach Bedarf in Gefangenschaft, oder rotten sie aus. Die Liste lässt sich unbekümmert erweitern.

Nahezu ausnahmslos sind alle Menschen, daran beteiligt, sich auf der Erde breit zu machen. Gewiss, manche mahnen und warnen vor den immer bedrohlicheren Folgen dieser unaufhörlichen Expansion. Aber gleichzeitig machen sie sich breit.

Nur manchmal nehme ich es wahr, wie diese Erde stöhnt, wie Menschen, Tiere, Pflanzen die Balance verloren haben, wie alles aus dem Lot geraten ist, und wie die Menschheit keine Achtung hat vor dem, was lebt. Schon lange ist die Schöpfung schwer verwundet. Längst schon ist uns und mir ihr Rhythmus fremd geworden. Längst bin ich Profiteur, Ausbeuter der Natur, Nutznießer der ihr angetanen Mord-Gewalt.

Auf offene, viel mehr noch auf versteckte, indirekte Weise wirkt beinah jeder Mensch an diesem Vorgang mit. Ganz unentrinnbar sind wir alle mitverflochten in einen globalen Entwertungsprozess der Natur, in einen unaufhörlichen Naturverbrauch. Ob ich es will, ob nicht, ich bin hineingezogen und beteiligt an der hemmungslosen Verschleuderung der natürlichen Ressourcen, an der Denaturierung der Landschaft, an der Verfremdung, Verbauung, Verschmutzung, Vergiftung, Verpestung, Verlärmung der Umwelt.

Keiner, der nicht mitverstrickt wäre in diese permanente Tyrannei. Natur und Kreatur begegnen uns schon längst nicht mehr natürlich-kreatürlich. Wir sind verkettet, mitgegangen, mitgefangen, Produkte Jahrtausende langer Zivilisation, aus der es kein Zurück mehr gibt. Nur marginal scheint es noch möglich, auf Gegenkurs zu steuern. Längst ist schon beinah jeder Mensch auf dieser Erde zu ihrem Eroberer und Verbraucher geworden. Nur kleine Inseln sind dem Leben noch verblieben, an dem es weiter sein kann, wie es ist.

Sehr vieles ist schon rettungslos verloren. Eine bittere Wahrheit! Eine Wahrheit, die gleichwohl die meisten Menschen ignorieren. Aber sie kann niemandem gleichgültig sein. Der Boden, auf dem wir stehen und von dem wir uns ernähren, das Wasser, das wir trinken, die Luft, die wir atmen: das alles sind unsere Lebens-Mittel. Die Befürchtung ist groß, dass die Verkünstlichung des Lebens irgendwann im Kollaps des Ganzen enden wird. Erst sterben die Wälder, dann die Menschen.

Die Menschheit, wir, jeder einzelne leidet unter einem vielgestaltigen Verlust an Verbundenheit mit der uns umgebenden Natur und Kreatur, einem Abgetrenntsein vom Großen Ganzen, einem Mangel an Respekt und Achtung vor dem Leben. Auch wenn viele davor die Augen verschließen, werden sie in auf vielfache Weise, wenn auch oft erst verzögert, in Mitleidenschaft gezogen. Den Wirkungen kann sich niemand entziehen. Der einzelne wie die Gesamtheit sind gleichermaßen betroffen, es ist ein globales Thema; ein Thema, das nach einer besseren Antwort schreit.

Die Menschheit braucht ein anderes Konzept, einen neuen Lebens-Vertrag mit sich und der Natur, einen *Solidaritäts-Vertrag*. Die Gesamtheit braucht ihn und auch der einzelne. Einen inneren Vertrag, der, in Achtung vor dem Ganzen, dem Leben dienlich ist. Deshalb wird, wer sich dem Großen Ganzen, das uns das Leben ermöglichte, verpflichtet weiß, wo immer er es kann, das Leben in seiner Gesamtheit achten und lieben. Er wird entgegensteuern, wo er kann, wenn dem Leben Gewalt angetan wird. Auch wenn die Chancen dafür schlecht stehen.

In diesem Sinne formulierte schon vor 80 Jahren Albert Schweitzer sein einfaches und eingängiges Bekenntnis zum Leben, das hier und da zitiert, aber selten eingelöst wurde, und das allgemein praktiziert zu werden keine große Chance hatte:

> *„Ich bin Leben,*
> *das leben will,*
> *inmitten von Leben,*
> *das leben will."*

Dieses Wort trifft auch meine Überzeugung. Den meisten Menschen hingegen ist eine solche Einsicht völlig fremd; sie erscheint ihnen wie weltfremde Spinnerei, sie tun sie ab als Naturmystik, als hoffnungslos romantisch. Die meisten denken und handeln anders.

Aus der Sicht des Großen Ganzen gewinne ich jedoch eine andere Perspektive. Dann ist mein Platz da, wo diesem Leben, das mir selbst das Leben gab und mich umgibt, Raum gelassen und Achtung entgegengebracht wird, wo man ihm mit Liebe und Respekt begegnet.

„Ehrfurcht vor dem Leben" nennt Schweitzer die angemessene Haltung dem Leben gegenüber, das uns umgibt. Es bedeutet, einander überall das Lebensrecht einzuräumen und das Leben zu schützen und zu fördern. Darin sehe ich den tiefsten Kern und Auftrag für das Zusammensein mit dem mich umgebenden Leben.

Kontext

Ich bin
ein Kind des Lebens,

umgeben von Leben,
das leben will

das leben darf
genau wie ich;

das vor mir war
und mit mir ist
und nach mir kommt.

Darum geht es: dass alles, was lebt, das gleiche Recht zu leben hat. Als Mensch stehe ich nicht über dem Lebendigen, ich wohne mitten drin, ich bin ein Teil von ihm. Es pulst in mir das gleiche Leben, das auch in allem andern pulst, was mich umgibt. Es wurde mir geschenkt und setzt sich weiter durch mich fort. Ich bin ein Baustein und Verbreiter dieses Lebens. Ihm schulde und verdanke ich mich. Denn im Lebendigen begegnet mir das Große Ganze. Und deshalb sage ich: Was immer lebt und Leben möglich macht, besitzt mein Ja, hat meine Achtung, meine Ehrfurcht.

Diese Überzeugung betrifft jede Art von Leben, das große und das kleine, das scheinbar wichtige und das für unwichtig gehaltene, das einfache und das entwickelte, das ansehnliche und das hässliche, das mir nützliche und das schädliche. Es gilt grundsätzlich – auch wenn es nicht möglich ist, ihm immer nachzukommen, weil die Ränder manchmal nicht scharf sind, worüber noch zu sprechen ist.

Die Einsicht, dass alles Leben meine Wertschätzung verdient, macht nicht bei menschlichem Leben Halt. Und auch nicht bei tierischem, wie es Schweitzer beschrieb. Sie betrifft ebenso das pflanzliche, sie betrifft die gesamte Natur, die das Leben hervorbrachte und weiter ermöglicht. *Alles, was ist, darf sein* und verlangt meine Achtung.

Weil alles Leben zusammenhängt, weil eins auf dem anderen aufbaut, weil das entwickelte nicht ohne das weniger entwickelte hat entstehen können, bildet alles eine Einheit. Deshalb verdient auch das einfache Leben Achtung.

Schauen wir uns selbst an, dann verbirgt sich in uns die Gesamtheit des Lebens, wie es sich auf dieser Erde entwickelt hat. Wir sind aus den gleichen Bausteinen zusammengesetzt, wie das sogenannte primitive Leben. Etwa zwei Drittel der Gene der Fruchtfliege finden sich auch im menschlichen Erbgut wieder. Unsere Embryonalentwicklung durcheilt die Geschichte des Lebens im Zeitraffertempo. Verwandtes Leben geht uns voran, verwandtes Leben begleitet uns, verwandtes Leben wird uns folgen. Wir sind alle Kinder vom gleichen Stamm.

Deshalb sind wir einander verpflichtet. Deshalb verdient alles Leben meine Wertschätzung, und deshalb gilt, dass der Mensch, wie alles Leben überhaupt, als Träger des Lebens auch im Dienst des Lebens steht. Was immer ich tue oder lasse, besitzt diesen Zusammenhang, diese Nebenwirkung: dass und ob es dem Leben dient.

Für die Tier- und Pflanzenwelt ist das eine vorgegebene Selbstverständlichkeit. Für den Menschen ist es eine Aufgabe, die sich ihm bei der Betrachtung des Lebens und der Welt als ganzer erschließt. Meine, unsere Aufgabe im Leben ist es, *dem Leben dienlich zu sein.*

Die Beziehung des Menschen zur *Natur* insgesamt und speziell zur *Tierwelt* war immer ein zentrales Thema der Menschheit. Zahlreiche Höhlenmalereien auf allen Kontinenten sowie steinzeitliches Schnitzwerk zeugen davon. In allen einfachen Religionen spielt der Naturglaube eine zentrale Rolle. Nach allem, was über das Verhältnis von Mensch und Tier erforscht ist, lebten beide über viele hunderttausende von Jahren in einem gleichermaßen respektvollen wie spannungsreichen Miteinander im spärlich besiedelten Land zusammen. Die Menschen folgten den Tieren, machten sich ihre Sinne zunutze, lernten von ihnen und bejagten sie.

Eine grundsätzliche Änderung im Verhältnis Mensch-Tier trat am Ende der letzten Eiszeit ein, etwa ab der Mitte des 10. Jahrtausends v. Chr., in der sog. neolithischen Revolution, durch die mit der Kultivierung von Wildpflanzen parallel laufende, der Nahrungs-Vorratshaltung dienende allmähliche Domestizierung ehemals wildlebender Tiere, zunächst von Ziege und Schaf, dann auch von Schwein, Rind und Geflügel. Sie ging einher mit einer zunehmenden Sesshaftwerdung und Urbanisierung der Menschen. Damit bekam das Verhältnis Mensch-Kreatur einen neuen Charakter: *Der Mensch herrscht, das Tier dient.*

Diese Entwicklung zog sich sicherlich über tausende von Jahren hin. In historischer Zeit war sie bereits selbstverständliche Überzeugung. Eindrücklich und prägnant – und mit großer Nachwirkung – wird sie im ersten der beiden biblischen Schöpfungsberichte (Gn 1,1ff) formuliert, dem bekannten Text über die Erschaffung der Welt, der etwa im 6. Jahrhundert v. Chr. aufgeschrieben wurde, aber sicher ältere Ursprünge hat. Er beschreibt, wie alle Schöpfung auf den Menschen zuläuft. In ihm gipfelt „Gottes" Werk. Die Tierwelt ist dem Menschen untergeordnet. In selbstverständlichem Herrscheranspruch heißt es am Ende des Schöpfungswerks (Gn 1,28):

„Und Gott segnete (die Menschen)
und sprach zu ihnen:
Seid fruchtbar und mehret euch
und füllet die Erde
und macht sie euch untertan
und herrscht über die Fische im Meer
und die Vögel des Himmels,
über das Vieh und alle Tiere,
die auf der Erde sich regen."

Diese als Gottesauftrag formulierte Überzeugung stand offensichtlich zur Entstehungszeit dieses Textes in der jüdischen Welt (aber, soweit erkennbar, auch in allen anderen Schrift-Kulturen) in keiner Weise in Frage. Sie behauptet einen umfassenden *Herrschafts- und Überlegenheits-Anspruch des Menschen über die Tierwelt.*

Sie erlebte eine ungeheure Wirkungsgeschichte. Vor allem in den letzten beiden Jahrhunderten, im Zuge der zweiten, sogenannten industriellen Revolution, trat sie einen unwiderstehlichen Siegeszug über diesen Planeten an, wurde zum selbstverständlichen Beipack der rasanten, explodierenden Bevölkerungsentwicklung auf der Erde.

Dass der Mensch das Recht hat, sich der Natur zu bemächtigen und die Tierwelt zu beherrschen, ist inzwischen überall auf der Welt selbstverständliche Überzeugung und Praxis. Überall auf der Welt bestimmt der Mensch, soweit er kann, das Verhältnis zur Natur und Kreatur. Nur noch wenige lebensfeindliche Gebiete dieser Erde sind unberührt und noch nicht von Menschen besiedelt. Nur noch in wenigen Reservaten und völlig abgelegenen oder unzugänglichen Gegenden können sich Tiere frei bewegen. Im Dienste von Kommerz und Konsum, von Macht- und Kapitalinteressen werden die natürlichen Lebensräume von Tieren im Zuge der Rohstoffgewinnung beschnitten und zerstört, werden Wälder von unaufhaltsam vorrückenden Menschen rücksichtslos eingeschlagen, werden Meere verdreckt, verseucht und überfischt und störende Tiere ausgerottet.

Die Natur, die Pflanzenwelt, die Tiere sind, vor allem in den letzten 150 Jahren, verdinglicht und verzweckt worden; sie wurden entwertet, entseelt, ihrer Würde beraubt. Menschen verschleißen und verbrauchen sie wie Dinge, die sie fortschmeißen, wenn sie ausgedient haben. Im Rahmen der tierischen Nahrungsmittelfabrikation werden Tiere nicht wie Lebewesen, sondern wie Gegenstände und Sachen behandelt. Die Natur ist durch Besiedlung und Bearbeitung, durch Industrie und Tourismus vielerorts zur Ware degeneriert. Um ein Naturschutzgebiet zu betreten, muss man Eintritt zahlen.

Eine allumfassende Ausplünderung des Planeten ist im Gange. Die Auswirkungen dieser Missachtung des Lebendigen sind fatal. Überall blutet die Erde. Überall ist ein stilles Gemetzel im Gange, etwa in der unbemerkten Dezimierung und Ausrottung von Pflanzen und Tieren, die sich über Millionen und Milliarden Jahre entwickelten, oder im gewaltigen Artensterben, das vor allem in den letzten zwei Jahrhunderten und wiederum insbesondere in den letzten Jahrzehnten ausgebrochen ist.

Ungehindert geht der Ausbeutungs- und Vernichtungskampf gegen die Tierwelt weiter: durch die rücksichtslose Beschneidung tierischen Lebensraums, die Ausrottung unangenehmer Tiergattungen, die industrielle Mästung, Schlachtung und Verarbeitung von Tieren zu Fleisch, die nicht artgerechte Massentierhaltung, durch das Schinden und Quälen und Einsperren von Tieren etwa zu Experimenten oder zur Erprobung neuer Kosmetika, durch das kommerzielle oder sportive Bejagen bestimmter Tiere, durch die mörderischen Tiertransporte und vieles mehr.

So handeln Menschen, wenn sie nicht mehr im Einklang sind mit der Natur, wenn sie begonnen haben, die Natur zu instrumentalisieren, wenn sie die Natur nur noch als Gebrauchsgegenstand und gelegentlichen Erholungsbereich wahrnehmen.

So verhalten sich Stadtmenschen, die ihre Wurzeln verloren haben. Ihre Häuser und Wohnungen wollen sie frei von Tieren haben. Freilebende Tiere machen ihnen Angst. Fleisch betrachten die meisten Menschen längst als etwas Sachliches, das man im Laden kauft. Menschen in von Maschinen dominierten Werkshallen, in klimatisierten Büros, in künstlich eingerichteten Wohnhäusern, in von Asphaltstraßen durchzogenen, Tag und Nacht ausgeleuchteten Städten ist die Natur fremd geworden. Sie laufen durch angelegte Rasen-Parks und liegen im Sommer an aufbereiteten Stränden, sie kennen weder Tiere noch Pflanzen beim Namen, kennen nicht ihre Stimmen, nicht ihre Gerüche noch ihr Verhalten. Konzerne, deren Chefs in wohltemperierten Vorstandsetagen sitzen, treffen im Interesse ihrer Aktionäre Entscheidungen von weitreichender Bedeutung mit tödlichen Kollateralschäden für die Natur.

Wenn auch nach über 40 Jahren Umweltschutzbewegung in Deutschland das öffentliche Bewusstsein sensibler wurde – wo keiner hinschaut, wo keiner klagt, vor allem in den Ländern der sog. Dritten Welt, zeigen die Konzerne ihr ungeschminktes Gesicht. Da kräht kein Hahn nach Umweltverträglichkeit und Nachhaltigkeit. Da besitzt die Natur keine Lobby, da handelt niemand im Interesse der Natur. Alles ist dem Markt, Konsum und Gewinn, untergeordnet.

Viele Menschen, durchaus auch der einzelne Durchschnittsmensch, vor allem aber jene, die die Macht haben und die davon profitieren, benehmen sich wie Besitzer. Sie tun, als wäre die ganze Natur nur für sie gemacht. Gedankenlos treiben sie mit den Ressourcen, aus denen sie selbst stammen, Raubbau.

Das ist nicht gut und kann nicht gut gehen – für die Natur nicht, aber auch für die Menschheit nicht. Überall fehlt es an Achtung vor dem, woher wir kommen. Missachten wir so die Tierwelt, sind das in Wirklichkeit Schläge gegen uns selbst.

Immer geht es dabei um diese grundlegende Einsicht: Nur die Achtung vor dem Vorigen sichert das Überleben für das Nachfolgende. Ich bin überzeugt, dass die Menschheit, auch wenn der Einzelne, insbesondere im reichen Norden der Erde, es noch nicht spürt, den Preis für die Missachtung ihrer Herkunft noch wird zahlen müssen.

Gegen solche Unheilsprofetie erhebt sich allerdings auch lauter Widerspruch. Angesichts einer immer weiter wachsenden Weltbevölkerung, wenden viele ein, gibt es keine Alternative, keinen Weg zurück. Alle wollen ernährt werden, alle wollen sicher wohnen, alle wollen ein sicheres Auskommen haben und teilhaben an den Errungenschaften der Technik und der Industrialisierung; gerade auch jene Menschen, die in den sogenannten unterentwickelten Ländern leben. Und geht es ihnen, sagen sie, nicht wirklich besser als zuvor? Fortschritt ist nicht möglich ohne Landverbrauch, ohne Denaturierungen, nicht ohne Industrie und Umweltbeeinträchtigungen.

Aber, so offensichtlich Menschen darauf aus sind, an den Errungenschaften derer zu partizipieren, die bereits im Wohlstand leben, so blind macht sie dies Ziel für das Ganze und für lebensfreundlichere Alternativen. Die Frage, wie man Eingriffe in die Natur maßvoll halten kann, wie man Technik dazu nutzen kann, die Lebensqualität zu verbessern in Respekt vor dem, was ist, in Solidarität mit dem Lebendigen, wie man nachhaltig wirtschaften und bescheiden leben kann: diese Fragen ordnen die meisten dem eigenen Vorteil und dem persönlichen Gewinn unter. Kommerzielle Interessen globalen Ausmaßes machen allen das süße Leben des Wohlstands schmackhaft und achten notfalls mit Gewalt darauf, dass sich der Widerspruch dagegen in Grenzen hält.

Es ist ein in Religionen und Philosophien gleichermaßen verbreiteter und oft völlig unhinterfragter Wahn, der Mensch sei die Krone der göttlichen Schöpfung. Schon bei Aristoteles finden sich entsprechende Formulierungen. Die Bibel (Ps 8,6) formuliert es klassisch:

> *„Du (Gott) machtest ihn (den Menschen)*
> *wenig geringer als Engel,*
> *mit Ehre und Hoheit kröntest du ihn."*

Mit dem Menschen als Krönung der Evolution, als „Krone der Schöpfung" sei das Ziel der Entwicklung des Lebens erreicht. Diese Vorstellung beherrscht die allermeisten Menschen. Ich halte sie für eine zutiefst lächerliche, in ihren Auswirkungen für die Natur und Pflanzenwelt aber ganz und gar katastrophale Selbstüberhebung und Selbsttäuschung. Blicke ich auf das Große Ganze, ist mein Bild von der Welt ein anderes. Ich habe keinen Sonderstatus, keine größeren Rechte als die andre Kreatur. Vielmehr bin ich ein Korn im Sandmeer des Lebendigen, ein Blatt im Blätterwald des Lebens.

Ohne Frage hat die Menschheit in den letzten 12.000 Jahren eine inzwischen fast allumfassende Vormachtstellung und Herrscherposition auf der Erde gewonnen. Der Mensch hat alle Lebensräume erobert. Er hat gelernt, sich vor anderen Geschöpfen, die ihm in die Quere kommen oder ihn bedrohen könnten, zu schützen, vor allem durch die Mittel der Bekämpfung, der Verdrängung und der Ausrottung. Das gilt für die großen und noch mehr für die kleinen Lebewesen. Er hat sich die Tierwelt in vielfacher Weise dienstbar gemacht. Er hat schließlich gelernt, Tiere als unerschöpfliches Nahrungsmittelreservoir auszubeuten. Die menschliche Rasse hat in ein paar tausend Jahren eine Vormachtstellung errungen, wie sie nicht einmal die Saurier besaßen, die immerhin 160 Millionen Jahre unsern Globus beherrschten und über die Erde stampften; eine Vormacht, von der jeder heute lebende Mensch profitiert.

Die seit einigen Jahrhunderten, besonders seit dem vergangenen, rasant fortschreitende Inanspruchnahme der gesamten Erde durch den Menschen hat ungeheure, wenn auch erst versetzt und verzögert spürbare Folgen. Die Menschheit zahlt für ihre mörderische Dominanz einen hohen Preis. Sie beraubt sich ihrer naturgezeugten Herkunft, entfremdet sich ihrer eigenen Entstehungsgeschichte, missachtet ihren Lebenszusammenhang. Sie büßt die Achtung vor dem ein, was in

Jahrmilliarden entstand. Sie verleibt sich das Leben ein, als wäre es ihr angerichtet. An diesem hemmungslosen Fressvorgang sind inzwischen nahezu alle Menschen beteiligt, vor allem die auf der Nordhalbkugel. Aber die wenigsten nehmen es noch wahr.

wessen erde

wie
ganz ausgemessen
wann
fast ausgeleert
was denn
aufgefressen
wo denn
schwer versehrt

wer
ein kannibale
welchen
andern lebens
wieso
mordsfinale
warum
ganz vergebens

Tiere und Pflanzen sind veränderten Lebensbedingungen ungeschützter ausgesetzt als Menschen. Nicht selten sind sie Indikatoren für

Entwicklungen, die auch Menschen gefährden. Das Fischsterben in verschmutzten Flüssen und denaturierten Gewässern oder öl- und chemikalienverseuchten Meeren, das Absterben der Vegetation und der Fauna in verpesteter Luft oder vergiftetem Boden sind dafür Beispiele.

Menschlicher und natürlicher Lebensraum sind in vielfacher Weise und untrennbar miteinander verflochten, auch wenn ein naturfern aufwachsender Stadtmensch es nicht wahrnimmt. Sterben die Bienen und werden die Fruchtpflanzen nicht mehr bestäubt, erledigen es Maschinen, und kaum jemand nimmt es wahr: Obst kaufen wir im Supermarkt. Sauberes Trinkwasser kommt aus der Leitung. Viele Pflanzen und Tiere sterben still, nur von wenigen Fachleuten bemerkt. Nur manchmal werden die Folgen offensichtlich.

Bis in die letzten unberührten Winkel dieser Erde wird insbesondere von den Großkonzernen, aber auch von der Tourismusindustrie die Ausbeutung der Natur vorangetrieben. Eine andauernde Vergewaltigung, Ausbeutung, Dezimierung der Natur ist auch deshalb eine Katastrophe für die Menschheit, weil damit eine genetische Verarmung einhergeht, die für sie selbst nicht folgenlos bleiben kann.

Alles Leben auf der Erde hat sich aus gemeinsamen Anfängen entwickelt und ist deshalb nach ähnlichen Bauplänen aufgebaut. Das betrifft Fähigkeiten und Errungenschaften genauso wie

Beschränkungen und Krankheiten. Dem menschlichen Leben gingen das tierische und das pflanzliche voran. Ohne unsere tierischen Vorfahren gäbe es uns nicht. Wir sind nur eine Variante der Tierwelt. Die in Millionen und Milliarden Jahren entwickelten Anpassungsprozesse des Lebens können wir nicht binnen weniger Jahrhunderte oder gar Jahrzehnte verlassen. Auch wenn sich die Folgen nicht sofort einstellen, sind sie unausweichlich.

Manchmal phantasiere ich weiter. Bestäuben die Bienen die Feldpflanzen oder Obstbäume nicht mehr, dann wird man dafür Maschinen einsetzen (wie es teils schon gemacht wird). Wenn es nur noch wenige Fische im Meer gibt, wird man vielleicht im großen Stil Algen züchten und zur menschlichen Hauptnahrung verarbeiten. Sterben Tiergattungen aus, wird man vielleicht mit den Mitteln der Gentechnik resistentere Arten entwickeln.

Trotzdem, fürchte ich, wird das auf Dauer nicht gut gehen. Vielleicht wird sich die Menschheit auch schon viel früher im Verteilungskampf um die immer knapperen und teureren Ressourcen zerfleischen. Der Druck der armen Bevölkerung auf die reiche wird sich verstärken. Der Strom der Afrikaflüchtlinge nach Europa wird größer. Der Raum wird eng. Vielleicht werden nur Privilegierte überleben. Oder es kommt zu einer

Gesamtvernichtung und vielleicht zur Unbewohnbarkeit der Erde.

Andererseits wird das Leben, stelle ich mir vor, wahrscheinlich nicht verschwinden, sollte es die Menschheit nicht mehr geben; es sei denn, die Erde insgesamt würde lebensfeindlich verseucht und vergiftet. Die Insekten könnten es vielleicht schaffen. Und jedenfalls die Mikroben. Und, wenn nicht: vermutlich hat sich längst andernorts im Kosmos Leben entwickelt. Doch, denke ich, es geht irgendwie weiter, wenn vielleicht auch ohne Menschen. Es entwickelt sich Neues. Wie es immer war. Vielleicht braucht es lange, bis sich intelligentere Lebensformen ausprägen, aber das Leben selbst lässt sich so leicht nicht unterkriegen.

Der Überlegenheitswahn des Menschen über die Tierwelt und die Natur insgesamt ist weit fortgeschritten. Aber ist in eine Sackgasse gefahren. Über kurz oder lang wendet sich die über alle Leichen gehende Rücksichtslosigkeit des Menschen auch gegen ihn selbst. Nur die Einsicht, dass er ein Geschöpf unter anderen ist, bewahrt die Natur und den Menschen vor seiner eigenen Ausrottung.

Wir müssen umdenken. Der Mensch ist nicht der Beherrscher, sondern nur ein Geschöpf, eins von vielen, ein Teil der Natur. Als Mensch besitzt er keinen natürlichen oder auch keinen gottgegebenen Vorrang vor allem anderen Leben, sondern ist gleichrangiger Teilhaber des Lebens, gewollt, geliebt, gelitten und bisweilen bedroht und vernichtet wie alles andere Leben neben uns.

Als Menschen sind und bleiben wir angewiesen auf den Kontext des Lebendigen. Denn das Leben ist nach meiner Überzeugung nicht auf Dominanz, sondern auf *Koexistenz und Teilhabe* aufgebaut.

Die Tier- und die Pflanzenwelt sind im Großen und Ganzen auf ein stimmiges Miteinander mit anderen Kreaturen abgestellt. Es gibt schon Konkurrenz zwischen dem, was lebt, und auch Gerangel um die besten Plätze. Aber es gibt keinen prinzipiellen Vorrang, keine Beherrschung und Vernichtung. Überall im Raum des Lebendigen findet sich vielmehr der Grundsatz: *Leben und leben lassen.* Wo Platz ist, kann Tier und Pflanze Raum greifen. Wer sich am besten einpasst, hat die sicherste Position.

Immer wieder entstehen Konflikte, und sie werden bisweilen, insbesondere wo es um die Stillung des Hungers geht, auch als Kampf um Leben und Tod ausgetragen. Aber sie folgen in den allermeisten Fällen einem Überlebensbedürfnis, und darüber hinaus gelegentlich Revierkämpfen und Paarungsbehauptungen, nicht jedoch einem generellen Anspruch zur Machtausübung. Wenn ein Tier seinen Nahrungsbedarf dadurch stillt, dass es ein anderes frisst, leitet es daraus weder den Anspruch noch das Recht ab, seine potentiellen Opfer zu beherrschen. Und nur in begrenztem Umfang gibt es einen Kampf um die besten Plätze; nur wenn anders das eigene Überleben nicht gesichert werden kann.

Viel verbreiteter ist die Praxis des friedlichen Zusammenlebens bis hin zur Symbiose, sowie das Besiedeln von ökologischen Nischen. Aus Sicht des Großen Ganzen, des Lebens oder der Evolution ist keiner besser als der andere. Alle sind sozusagen dem Leben gleich recht und gleich-gültig. Und natürlich auch der Mensch. Jede Kreatur hat die gleiche Erlaubnis zu leben. Jede kann aus ihren Möglichkeiten machen, was sie kann.

In diesem Kontext hat jedes Leben, das entsteht und sich entwickelt, das Recht zu sein. In diesem Kontext besitzt auch das menschliche Leben seinen Platz. Kein Leben genießt Sonderrechte, woher es sie auch ableiten möge. Alles verdient gesehen, geachtet und anerkannt zu werden: das andere und auch das eigene Leben.

Leben verlangt in jedweder Form Wertschätzung, Schutz, Achtung.
Leben verdient Achtung, weil wir darin den Ursprung allen Lebens, das Große Ganze, achten.
Es verlangt Achtung, weil wir das Leben nicht gemacht haben, und es uns nicht gehört. Wir bekommen es geschenkt.

Es verdient Achtung, weil es einmalig, nicht wiederherstellbar und deshalb kostbar ist.

Es verdient Achtung, weil wir selbst uns ihm verdanken; wir achten in ihm unsre Herkunft und uns selbst.

Es verdient Achtung, weil wir mit allem, was lebt, zusammengehören.

Es verdient Achtung, weil wir es weiter brauchen, um zu überleben.

Leben verlangt Achtung, denn es ist Beste, was wir weitergeben können.

Es verdient schließlich Achtung, weil wir, indem wir es weitergeben, uns die Zukunft und den eigenen Fortbestand eröffnen.

Wer sich am Leben vergreift und ihm die ihm zukommende Achtung versagt, trennt sich von den eigenen Wurzeln und versperrt sich und denen, die nach ihm kommen, die Zukunft. Deshalb gehört das Leben in jeder Form geschützt, bewahrt und gefördert; auch wenn die Ränder hier und da unscharf sind, weil Leben auch immer wieder mit anderem Leben konkurriert. Deshalb gilt für mich grundsätzlich und im Detail: *Was dem Leben dient, ist gut.*

Anwalt des Lebendigen

Unerschöpflich scheint das Leben immerfort zu sprudeln. Unaufhörlich verjüngt und erneuert es sich. Unermüdlich fängt es stets von Neuem an. Das gilt für menschliches ebenso wie für tierisches und pflanzliches Leben. Dort wird gestorben, hier wird geboren. So geschunden und bedroht Leben auch ist, es steht immer wieder auf.

Wildlebende, vom Aussterben bedrohte Tiere können sich wieder vermehren, Fischbestände sich erholen, selten gewordene Vogelarten sich regenerieren, wenn man sie in Ruhe lässt oder schützt. Auch über die schlimmste der Natur geschlagene Wunde wächst nach wenigen Jahren Gras, überlässt man das Land sich selbst.

Und gleichzeitig gehen im Zuge der Ausbreitung der Menschheit jeden Tag dutzende von Lebensformen unrettbar verloren. Arten sterben unbemerkt aus, von Kräutern und Blumen über Käfer und Schmetterlinge bis zu höheren Lebewesen, Wirbeltieren, oder den letzten indigenen Volksstämmen. Lebensformen, die man vor 50 Jahren noch in der Landschaft antraf, sind auf Nimmerwiedersehen verschwunden.

In einem unaufhörlichen Verdrängungsvorgang werden Natur und Kreatur von der stetig wachsenden und sich weiter ausbreitenden

Menschheit erdrückt und erdrosselt. Es ist ein Prozess, dessen Auswirkungen immer gravierender werden, und es steht nicht zu erwarten, dass er zum Halten käme. Lediglich in seinem Ausmaß kann er hier und da, und allermeist nur gegen große Widerstände, durch politisches Handeln eingegrenzt werden. In diesem Kapitel geht es also um die politische Seite des Themas.

Dabei springt ins Auge: Nichts geschieht von selbst. Natur und Kreatur brauchen vielmehr Menschen, die auf das Ganze sehen, die für sie sprechen und die sie schützen. Sie brauchen eine Lobby. Sie benötigen den Mut und den Verstand und die Durchhaltebereitschaft zum politischen Einmischen. Sie brauchen überall, im Großen und im Kleinen, *Anwälte des Lebendigen*.

Als Anwalt des Lebendigen mache ich mich empfindlich für das Leiden des Natürlichen. Ich trete nach draußen und höre auf die Stimmen derer, die nicht schreien. Ich bleibe in Verbindung mit dem Ganzen und stelle mich geschwisterlich in die Reihe alles dessen, was lebt. Ich trete ein für ein ungeteiltes Lebensrecht, das alles Leben dieser Erde umfasst, und stimme mein eigenes Verhalten darauf ab, was dem Leben dienlich ist.

Noch immer habe ich den Kanon im Ohr, den die Teilnehmer des Evangelischen Kirchentags 1981 in Hamburg nach den Worten von

Friedrich Karl Barth und Peter Horst, vertont von Piet Janssens, in der aufkommenden Öko-Bewegung als Endlos-Ohrwurm sangen:

Einsam
bist du klein,
aber gemeinsam
werden wir
Anwalt des Lebendigen sein.

Gemeint war das als Mutmachlied für alle, die sich im Kampf um Gerechtigkeit, Menschenrechte, Frieden und Schöpfungsbewahrung im Dschungel des Widerstandskartells von Politik, Wirtschaft und Kapital festzulaufen drohten. Gesungen wurde es vor allem zur Unterstützung der Umweltbewegung, und es hat seine Kraft nicht verloren.

Notwendigerweise muss zum *Lebensschützer* werden, wer dem Leben mit Achtung begegnet. Er muss vom Beherrscher zum *Anwalt des Lebendigen* werden. So vielfältig dabei die Anwendungsfelder, so einfach ist (frei nach Erich Kästner) die Botschaft:

Was gut tut

Was Leben bewahrt und schützt
und seiner Entfaltung nützt,
ist gut.
Das tut.

In diesem Sinn sagt Albert Schweitzer: „Die Grundidee des Guten besteht also darin, dass sie gebietet, das Leben zu erhalten, zu fördern und zu seinem höchsten Wert zu steigern." Darin sieht er zugleich den Kern der christlichen Ethik: „Die Ethik der Ehrfurcht vor dem Leben ist die ins Universelle erweiterte Ethik der Liebe. Sie ist die als denk-notwendig erkannte Ethik Jesu."

Wer sich diese Gedanken zu Eigen macht, befindet sich allerdings in hoffnungsloser Minderheit. Vor allem im Umgang mit der Natur wird das überdeutlich. Die Natur ist in der Defensive. Sie braucht Fürsprecher. Zwar liegen in Deutschland über 40 Jahren die Grünen-Bewegung hinter uns. Und inzwischen wollen alle möglichen gesellschaftlichen Kräfte auf dieser Klaviatur mitspielen. Aber von einer Bewahrung der Natur und einer geschwisterlichen Einstellung gegenüber der Kreatur sind wir in vielen Lebensbereichen weit entfernt.

Noch immer sind viele Menschen geblendet von den scheinbar unbegrenzten Möglichkeiten moderner Technik, von immer größeren Städten, rasanteren Hochhäusern, breiteren Autobahnen, schnelleren Fortbewegungsmitteln, ausgefeilteren Kommunikationssystemen, wie man interessanterweise gerade in jenen Ländern beobachten kann, die bis vor Kurzem noch mehr oder weniger unberührt im Lebensstil vergangener Jahrhunderte schlummerten; etwa in China, in den arabischen Emiraten, in den Schwellenländern.

Noch immer sind Menschen fasziniert von immer gewaltigeren Projekten etwa zur Produktion von Konsumgütern oder zur Energiegewinnung, sind besessen von der Idee der umfassenden Beherrschung und Machbarkeit des Materiellen.

Aber zugleich wächst auch überall auf der Erde die Ahnung von den verheerenden Folgen der Missachtung unserer Natur. Vielfach ist inzwischen belegt und nachgewiesen, welche Folgen für das Klima und für die Gesundheit alles Lebenden der Raubbau an der Natur und Kreatur im Schleppnetz mitziehen. Überall haben wir sie vor Augen, wenn nicht vor der eigenen Haustür, dann im Fernsehen.

Mögen sich in unserer westeuropäischen Kulturlandschaft ökologische Katastrophen noch einigermaßen in Grenzen halten. Dramatischer zeigen sie sich dort, wo in weltabgelegenen Gegenden etwa Rohstoffe ohne Rücksicht auf Menschen, Tiere und Natur ausgebeutet werden, zum Beispiel in Alaska oder in Nigeria oder in der Barentssee, oder wo Großprojekte Ökosysteme ruinieren wie etwa am Amazonas. Solche Beispiele lassen sich beliebig vermehren und vertiefen. Überall malträtieren Menschen die Natur.

Lebensschützer stoßen, wenn sie sich einmischen, auf Widerstände. Sie brauchen Ermutigung. Wer auf das Ganze sieht, wer Ehrfurcht vor dem Leben hat und für einen solidarischen Umgang mit der Kreatur eintritt, steht schnell auf verlorenem Posten.

Er sieht sich damit konfrontiert, dass die Menschheit sich weiter explosionsartig ausbreitet und jeden fernsten Winkel und unberührtesten Flecken der Erde in Beschlag nimmt; dass der stets wachsende Energiehunger, gepaart mit unbegrenzter Profitgier, den ungehemmten Abbau von endlichen Rohstoffen weiter beschleunigt; dass ein wild expandierender Tourismus alle Winkel dieser Erde überflutet und nachfolgend denaturiert. Er sieht sich der Übermacht derer ausgeliefert, die im angeblichen Interesse menschlicher Bedürfnisse, genauer besehen jedoch im Verfolg kommerzieller Interessen, rücksichtslos Menschen und Tiere vertreiben oder ausmerzen und das Land ausbeuten, bis es nichts mehr hergibt.

Unsre Erde ist voller Natur. Aber diese Natur ist höchst angeschlagen. Diese Natur samt aller auf ihr hausenden Kreatur braucht Solidarität. Sie braucht Liebe und Pflege. Sie braucht mutige Freundinnen und Freunde. Überall muss sie vor dem unaufhörlich gefräßigen Zugriff der Menschheit geschützt werden. Nur ein liebender, respektvoller, nachhaltiger Umgang mit der Fauna und Flora, wie sie sich auf diesem Planeten angesiedelt haben, wird dem Leben und der Einsicht gerecht, dass ich selbst ein Kind des Lebens bin.

Verbunden

Jedem Teil dieser Erde,
jedem Halm, jedem Stein,
jedem Leben, das werde,
jedem Wurm und Gebein,

den Wolken, den Lüften,
dem Regen, dem Schnee,
den Farben, den Düften,
den Blumen, dem Klee,

dem Rauschen der Blätter,
dem Singen der Luft,
dem Toben der Wetter,
dem Kauz, der nachts ruft,

im Boden sich schützend,
im Walde sein Reich,
den Himmel besitzend,
verborgen im Teich,

was immer die Erde
bevölkert und füllt,
allein und als Herde,
ob zahm oder wild:

ich bin ihm verbunden,
geschwisterlich nah,
in Liebe gebunden,
mit heiligem Ja.

So beschreibt es auch der zweite, weniger bekannte biblische Schöpfungsbericht (Gn 2,4ff). Er schildert diese Erde als „Garten Eden", als „Paradies". Von vier Flüssen umschlossen und bewässert ist dieser Garten und, so erzählt in mythischen Worten und poetischer Dichte die Geschichte, Gott geht in der Abendkühle darin spazieren. Alle leben friedlich nebeneinander. Der Mensch bekommt die Aufgabe, den Garten „zu hegen und zu pflegen", wie ein Gärtner, der seine Pflanzen liebt.

Heute wirkt dieses idyllische Bild lebensfern auf uns, wie ein verklärter Rückblick auf eine schöngemalte, längst verlorene Zeit. In dieser Form kann es sie nie wieder geben. Bestenfalls in Natur-Reservaten lässt sich eine leise Ahnung davon erhalten. Vielleicht war die Schilderung schon damals nicht ohne Nostalgie, als die Stadtkultur schon zu einer gewissen Entfremdung der Menschen gegenüber der Natur geführt hatte. Trotzdem dürfte die Erinnerung an das Wildbeuterleben früherer Jahrtausende noch nicht gänzlich verblasst gewesen sein.

Aber der Rückblick auf die Vergangenheit enthält eine Wahrheit. Viele Jahrhunderttausende war das Zusammenleben von Tier und Mensch in der Natur von gegenseitiger Achtung geprägt. Es sicherte allen das Überleben. Es ging dabei nicht um Dominanz, sondern um Zusammenleben, um aufeinander Angewiesensein. Wissend, dass die ursprüngliche Harmonie verloren ging, als der Mensch (wie der biblische Mythos es erzählt) sich gegen Gottes Verbot entschied, „vom Baum der Erkenntnis" zu essen (Gn 3,1-6), und deshalb aus dem Paradies vertrieben wurde (Gn 3,14-24), wird in diesem alten Text dem Menschen ein sorgsamer Umgang mit der Natur als das eigentlich Gemäße aufgetragen.

Das Hegen und Pflegen des Gartens Erde, die Bewahrung der Schöpfung, der sorgsame, nachhaltige Umgang mit der Natur: das sind bleibende Aufgaben für die Menschheit, heute noch viel mehr als damals.

Deshalb braucht das Leben *Anwälte des Lebendigen*. Es braucht Menschen, die, soweit es an ihnen liegt, nicht daran teilhaben, sich selbstverständlich breit zu machen auf der Erde, wo immer es geht, wo es Nutzen bringt oder Spaß macht. Die nicht zustimmen, wenn Menschen den Lebensraum Natur allein für sich beanspruchen und nach Gutdünken damit umgehen. Die Alternativen aufzeigen und leben. Die aufstehen und etwas tun.

Diese Einsichten sind nicht neu. Sie sind für Menschen, die aufs Ganze schauen, längst selbstverständlich. Längst haben sich überall Aktivistengruppen, Organisationen und politische Parteien gebildet, die für die Erhaltung der Natur kämpfen. Ihre Forderungen verbreiten sich inzwischen sogar über den Globus. Auf Weltklimakonferenzen und Umwelttagungen werden sie diskutiert und oft genug zerredet, sie werden in Regierungsprogramme aufgenommen und mit ökonomischen Interessen kompatibel gemacht – wenn auch nur gegen meist massive Widerstände jener Konzerne und gesellschaftlichen Kräfte, deren Profit dadurch beschnitten wird.

Alles in allem jedoch sind die Erfolge der Lebens-Anwälte und Naturschützer deprimierend überschaubar. Mehr als ja zuvor bedarf es Menschen, die sich engagieren und die das Lebensrecht als umfassendes, alles Lebendige einschließendes Recht einfordern.

Politisches Handeln beginnt damit, dass ich mein eigenes Verhalten überprüfe und eventuell ändere. Die Natur zu schützen und solidarisch zu sein mit der Kreatur ist für die meisten Menschen keine Selbstverständlichkeit. *Der eigene Alltag*, auch derer, die sich als Anwälte des Lebendigen verstehen, ist oft mit Widersprüchen durchsetzt. Viele Menschen beanspruchen selbstverständlich ein Überlegenheitsrecht gegenüber der Kreatur, manchmal ohne dass es ihnen bewusst ist.

Am Beispiel zunächst unseres *Umgangs mit Haustieren* und zweitens am Thema unserer *Essgewohnheiten* will ich noch einmal genauer hinschauen, was es im täglichen Umgang mit der

Kreatur heißen kann, ein Anwalt des Lebendigen zu sein.

Es gibt eine Vielzahl von Berührungen von Mensch und Tier, die wir nach zwölftausend Jahren Domestikation völlig selbstverständlich praktizieren und die ein sehr unterschiedliches Umgehen mit der Kreatur spiegeln. Einige Beziehungsformen zwischen Mensch und Tier haben sich über den inzwischen langen gemeinsamen Weg bewährt. Aber die meisten erscheinen unter dem Gesichtspunkt eines achtsamen Umgangs mit den Tieren mehr als problematisch, ja völlig unerträglich. Ich will einige Beispiele aufführen und bin mir dabei bewusst, dass die Grenzen fließend sein können.

In der traditionellen, inzwischen allerdings weitgehend verschwundenen Land- und Viehwirtschaft wurden Tiere zwar – in unterschiedlichem Maße – in Unfreiheit gehalten, aber man begegnete ihnen meist mit einer gewissen Achtung. Auf diesen mittlerweile fast ausgestorbenen Kleinbauernhöfen bekamen die Tiere, jedenfalls die größeren unter ihnen, Namen, mit denen sie auch angesprochen wurden. Die Menschen nahmen sie als Individuen wahr und respektierten ihre Persönlichkeit. Man kannte ihre Eigenarten und stellte sich darauf ein. Menschen redeten mit den Tieren, merkten, wenn es ihnen nicht gut ging, nahmen oftmals auch körperlich mit ihnen Kontakt auf. Die Tiere hatten in der Regel freien Auslauf und besaßen ihren speziellen Einstell- und Futterplatz.

In den modernen Hoffabriken bekommen die Tiere nur noch eine digitalisierte Plakette ins Ohr geschossen oder einen Stempel aufs Gesäß gebrannt.

Der Stadtmensch begegnet Tieren nur noch selten; ausgenommen Hunden und Katzen und Vögeln und vielleicht noch Pferden. Sonntags durch den Wald spazierend bekommt er wildlebende Tiere kaum zu Gesicht (obwohl unser Wald voll ist von ihnen). Unsre Städte sind im Prinzip schon lange tierfrei, abgesehen von ein paar Eichhörnchen, manchmal Igeln und Maulwürfen sowie hier und da Kulturfolgern wie Waschbären, Füchsen oder Mardern, außerdem, weitgehend unsichtbar, natürlich Ratten, Mäusen sowie Vögeln und Insekten. Tiere im Rahmen der Nahrungsmittelversorgung begegnen uns nur noch zerstückelt, in Fleischportionen verarbeitet.

Wer Tiere sehen will, geht auf den Reiterhof, in den Zoo oder in den Zirkus. Dort besitzen Tiere, obwohl, wie auf dem Bauernhof, in Unfreiheit gehalten, noch eine gewisse Individualität. Manchmal entstehen sehr enge Bindungen zwischen Mensch und Tier, zwischen Pferdebesitzer oder Reiter und Pferd, zwischen Tierpfleger und Tier, zwischen Artist und tierischem Bühnen-Partner, die man durchaus mit dem Begriff Liebe umschreiben kann.

Gleiches gilt für viele Haustierbesitzer. Über fünf Millionen Hunde bevölkern die Haushalte in Deutschland, und man schätzt die Zahl der Katzen auf über acht Millionen. Wenn es auch leider und nicht selten in den häuslichen Wänden (und manchmal auch sichtbar im Freien) zu unglaublicher Tierquälerei, zu Unter- und Falsch-Ernährungen, zu Vernachlässigungen und Verwahrlosungen kommt, gibt es doch auch oft das genaue Gegenteil: eine große gegenseitige Hingabe und Liebe zwischen Tier und Mensch. Beide hängen aneinander, stellen sich ganz aufeinander ein, und nicht selten bilden sie den zentralen Lebensinhalt füreinander.

Insbesondere alleinlebende Menschen finden in einem Hund oder einer Katze, manchmal auch in einem Kanarienvogel oder einem Aquarium voller Fische jene Begleiter für ihr einsames Leben, die sie unter ihresgleichen nicht antrafen oder zu finden wussten. Tiere, besonders Hunde und Katzen, sind für viele Menschen wie Ansprechpartner in einem sonst stillen, leeren Haus. Sie müssen umsorgt werden wie Kinder, sie halten lebendig.

Darüber hinaus schaffen insbesondere Hunde ein Gefühl der Sicherheit für Alleinwohnende. Der Hund schlägt an, wenn sich ein Fremder nähert. Hunde tragen zur Gesundheit von

Menschen bei, indem sie Stress mindern und die Besitzer beweglich halten. Indem Hunde immer wieder „Gassi" geführt werden müssen, bilden sie darüber hinaus auch für viele Menschen eine Art Kontaktorgan nach draußen. Über sie lernt man andere Hundebesitzer kennen.

Wenn Tiere auch für menschliche Zwecke eingesetzt und ausgenutzt werden, werden sie immerhin gleichzeitig versorgt und oft sogar geliebt. Der Hund als Wächter oder sicherer Begleiter, als Hüte-, Such- und Blindenhund, die Katze als Mäusevertilger und umsorgtes Wesen, das die Wohnung ein wenig mit Leben füllt, das Pferd als Reittier; der Mensch als einer, der für ihre Nahrung und sichere Unterkunft sorgt – das sind im Großen und Ganzen auf Nehmen und Geben angelegte Beziehungen. In diesen Fällen ist das Tier dem Menschen wichtig, und deshalb behandelt er es in der Regel auch gut.

Wenn Mensch und Tier Freundschaft schließen, sich gegenseitig Achtung zollen und jeder dem andern gerne seine Fähigkeiten zur Verfügung stellt, dann kann sich eine von kreatürlicher Geschwisterlichkeit getragene Beziehung entwickeln.

Fürsorgliches Verhalten gegenüber Tieren kommt sogar noch in gewissem Umfang dort zum Ausdruck, wo Jäger den Tierbestand der letzten in unseren Wäldern frei lebenden Tiere ausdünnen, den von ihnen angerichteten Schaden in Grenzen halten und insbesondere, indem sie die alten und kranken unter den Wildtieren bejagen, weil die meisten Menschen hierzulande nun einmal keine Wölfe und Bären mehr in den Wäldern wünschen (inzwischen gibt es ja, zur Freude mancher Tierfreunde, Wiedereinbürgerungsversuche mancher ausgerotteter Raubtiere, insbesondere von Wölfen, Luchsen, Wildkatzen, Wisenten oder Raubvögeln).

Anders ist nach meiner Einschätzung über den Hobbyjäger zu denken, den das Jagdfieber treibt, der als Trophäensammler auf den Anstand steigt oder womöglich vom Helikopter aus das Großwild abschießt. Auch wer harmlos an der Angel sitzt und wartet, bis die Fische in den Haken beißen – ob sich der Gedanken darüber macht, welche Schmerzen es dem Fisch macht, wenn er um sein Leben an der Angel zappelt?

Wo Ausbeutung und Missachtung von Tieren beginnt, zeigt sich oft erst im Einzelfall. Für mich ist vor allem dort eine Grenze überschritten, wo Tiere artfremd gehalten und unerbittlich für menschliche Zwecke abgerichtet und ausgebeutet werden oder wo man ihnen Schmerz zufügt. So kann der Hund zum Dressier-, Vorzeige- oder Ausgehhund werden, die Katze dient als Wärmekissen, das Pony wird als Streicheltier gebraucht.

Viele Tiere werden nicht artgerecht gehalten, werden vernachlässigt, getreten, geprügelt, gequält, ausgesetzt, nicht richtig ernährt! Fische im Aquarium, Reptilien im Glaskasten, Vögel im Käfig, Meerschweinchen in der Kiste, das alles trägt vielleicht einen gewissen Anteil an Tierliebe an sich, es bringt einem Halter und Betrachter vielleicht auch die Kreatur näher.

Aber zugleich kann ein solches Verhältnis zu Tieren für mich auch jene unhinterfragte, tierquälerische Dominanz über die niedere Kreatur demonstrieren, mit der der Mensch Tiere unreflektiert für seine Zwecke nutzt, sie für sein Pläsier und seine Bedürfnisse „anschafft", solange er eben Spaß daran hat, ihnen im Grunde aber Gefühl und Seele und das Recht auf Eigenständigkeit abspricht.

Wenn etwa Menschen, weil sie nicht den Mut oder die Kraft haben, sich auf andere Menschen einzulassen, sich Tiere für ihre menschlichen Bedürfnisse halten, wenn Tiere für sie zu Ersatzkindern werden, die man erziehen, dirigieren und abrichten oder auch verwöhnen und verhätscheln kann, wenn sie ihre Hunde, Katzen oder allerlei anderes Getier in die Wohnung, aufs Sofa und bisweilen mit ins Bett nehmen, dann geraten sie in Gefahr, die Mitkreatur für ihre Zwecke zu instrumentalisieren. Sei es, das sie mit den Tieren wie mit Menschen umgehen, sei es, dass sie bestimmte Bedürfnisse mit ihnen abdecken, die eigentlich ein menschliches Gegenüber ersehnen.

Oft genug werden Tiere zum Spielen „angeschafft", oder Menschen agieren ihre aufgestauten Gefühle, aggressive oder fürsorgliche oder erotische zum Beispiel, an ihnen aus. Das erscheint mir im Wesen nicht minder missbräuchlich als wenn sie es an anderen Menschen, abhängigen oder jüngeren zum Beispiel, vollzögen. Aber weil sich alle Welt daran gewöhnt hat, wenn Menschen sich als Herren der Tierwelt verstehen, wird den meisten das darin zum Ausdruck kommende Missverhältnis nicht bewusst.

Deshalb frage ich mich oft, ob die Tiere, wenn sie eine Wahl hätten, nicht doch die angestammte Freiheit mehr schätzten. Wenn man seinen Vogel im Käfig liebt und die Fische im Aquarium gern anschaut: ob das auf Gegenseitigkeit beruht? Klingt der Vogelgesang in der freien Natur nicht schöner? Ist nicht vielleicht das, was wir als fröhliches Gezwitscher aus dem Käfig hören, ein permanentes Angstgeschrei?

Sind Fische im freien, sonnenbeschienenen Wasser nicht besser aufgehoben? Welches Recht hat ein Mensch, ihnen die Freiheit zu stehlen und all die üblen Folgen des Wegsperrens für sie billigend in Kauf zu nehmen?

Für Hunde und Katzen, die seit tausenden von Jahren an das Gemeinschaftsleben mit Menschen gewöhnt sind, mag sich das anders darstellen. Aber auch für sie gilt, dass sie nicht gerade selten wie in Gefängnissen gehalten und wie

Sachen behandelt werden, die man eine Zeitlang braucht und dann abstößt und wegwirft.

Ich möchte doch annehmen, dass die meisten Tiere in gewisser Weise in Gefangenschaft verkümmern. Sie werden von Menschen verzweckt und verdinglicht. Man schafft sie sich an. Man dressiert sie. Man passt sie dem eigenen Lebensrhythmus an. Der Mensch ist der Herr, das Tier muss parieren. Hat es ausgedient, wird es entsorgt und eventuell neu beschafft wie irgendein verschlissener Gegenstand.

Kinder weinen eine Weile über das verendete Tier im Kasten, dann lernen sie, dass ihnen die Eltern in der Tierhandlung einen neuen Hamster anschaffen können. Bei aller manchmal aufflammenden Liebe zu einem Tier schwingt für mich allermeist eine, sicher oft unbewusste, tiefe Abwertung des Tieres mit in die Beziehung.

Als Kind brachte mir mein Großvater den schönen Satz bei: *„Quäle nie ein Tier zum Scherz, denn es fühlt wie du den Schmerz!"* Ähnlich äußert sich Hundebesitzer und –liebhaber Arthur Schopenhauer, einer der ersten Vertreter einer expliziten Tier-Ethik: „Mitleid mit den Tieren hängt mit der Güte des Charakters so genau zusammen, dass man zuversichtlich behaupten darf, wer gegen Tiere grausam ist, könne kein guter Mensch sein." Tiere können sich nur begrenzt artikulieren. Sie schreien nicht auf, nicht auf unsere Weise. Ihre Sprache ist nicht unsre Sprache. Doch das bedeutet nicht, dass sie nicht leiden könnten. Die Antwort der Tiere ist, dass sie verkümmern und eingehen. Viele verenden stumm.

Deshalb benötigt unser Umgang mit den Tieren einen *Wechsel der Perspektive*: die Welt auch aus den Augen und Empfindungen der Tiere zu sehen. Unnachahmlich hat Rilke das in seinem vielleicht bekanntesten Gedicht beschrieben, und trotz dieser Bekanntheit möchte ich es zitieren, weil man meist nur die Schönheit der Sprache und nicht das Thema wahrzunehmen neigt:

Der Panther
Im Jardin des Plantes, Paris

Sein Blick ist vom Vorübergeh'n der Stäbe
so müd geworden, dass er nichts mehr hält.
Ihm ist, als ob es tausend Stäbe gäbe
und hinter tausend Stäben keine Welt.

Der weiche Gang geschmeidig starker Schritte,
der sich im allerkleinsten Kreise dreht,
ist wie ein Tanz von Kraft um eine Mitte,
in der betäubt ein großer Wille steht.

Nur manchmal schiebt der Vorhang der Pupille
sich lautlos auf -. Dann geht ein Bild hinein,
geht durch der Glieder angespannte Stille –
und hört im Herzen auf zu sein.

Es ist bekannt, dass vor allem die höheren Säugetiere als unsere direkten Vorfahren Freude und Schmerz empfinden, dass sie sehr empfindlich Stimmungen wahrnehmen können, dass sie treu sein können und aggressiv, dass sie also Gefühle haben. Deshalb schließe ich mich Tierfreunden wie Günter Altner oder Eugen Drewermann an, die sagen: Tiere haben Individualität und Persönlichkeit, sie besitzen eine „Seele".

Das betrifft nicht nur die großen Tiere und nicht bloß die Säuger. Es lässt sich auch schon unter den Wirbeltragenden oder sogar früheren Lebensformen beobachten und wird zunehmend Gegenstand wissenschaftlicher Forschung. Viele Tiere entwickeln außerdem erstaunliche Fähigkeiten, verständigen sich mit differenzierten Kommunikationsformen, sind lernfähig und in je besonderer Weise intelligent. Neben den Primaten, hier vor allem den Schimpansen, gelten Wale, und unter ihnen die mit einem vergleichsweise sehr großen Gehirn ausgestatteten Delfine, als besonders gescheit und kreativ. Auch Hunde und Katzen sind, wie viele Haustierbesitzer immer wieder beobachten können, höchst gelehrig. Von Elefanten weiß man, dass sie lebenslang lernen und ein phänomenales Gedächtnis besitzen. Papageien, insbesondere Graupapageien, ebenso Krähen und Rabenvögeln überhaupt sagt man besondere Intelligenz nach. Weniger bekannt ist, dass auch nicht wirbeltragende Tiere, etwa Kraken, als besonders klug gelten. Darüber Genaueres herauszufinden, bleibt weiteren Forschungen vorbehalten. Für andere Tiere ist es vielleicht nur eine Frage der Zeit beziehungsweise der besonderen Umstände, bis sie sich unter dem Druck veränderter Lebensbedingungen zu intelligenteren Formen entwickelt haben werden.

Wie wenig oder weit entwickelt ein Leben aber auch sein mag: es besitzt das gleiche Recht zu sein und verdient meine Achtung. Ich sehe darin keinerlei Mystifizierung des Lebens, keine Vermenschlichung der Tierwelt oder Romantisierung einer Mensch-Tier-Gleichmacherei. Wer sich auf Tiere als Mitgeschöpfe einlässt, erlebt sie gewissermaßen als entfernte Verwandte und achtet sie darin. Er ist anderen Kreaturen zwar intelligenzmäßig und technisch weit überlegen, ist anpassungsfähiger und flexibler als sie. Aber er kann erkennen, dass sein Leben eine Ausfächerung der gleichen Lebensdynamik ist. Er kann entdecken, wie ähnlich Mensch und Tier sich sind, nicht nur genetisch, sondern auch sozial und, wenn man so sagen kann, psychisch: wie Tiere sich freuen und Schmerz empfinden können, wie sie leiden oder stolz sind. Er kann sie kennenlernen und sich mit ihnen befreunden. Deshalb wird er ihnen mit Respekt und Liebe begegnen und im Kontakt mit ihnen sich bemühen, ihre

„Sprache" zu lernen. So gilt es für alle Tiere, und je höher sie entwickelt sind, desto deutlicher.

Allerdings herrscht, auch unter der Prämisse der Geschwisterlichkeit, zwischen Mensch und Tier nicht bloß Harmonie; ebenso wenig wie zwischen Tier und Tier. Immer mal wieder gibt es zwischen ihnen Auseinandersetzungen auf Leben und Tod.

Immer mal wieder kommt es zwischen ihnen zu Konkurrenzsituationen, in denen sich einer gegen den anderen durchsetzt, sofern es eine Seite zu ihrem Überleben braucht. Im Rahmen der Nahrungskette etwa gilt in gewissen Grenzen ein Fressen und Gefressen werden. In einem gewissen Umfang lebt in der Natur auch der eine auf Kosten und zu Lasten des anderen. Dem Leben dienlich zu sein geht deshalb nicht ohne Ausnahmen und Reibezonen.

Solche Reibezonen, wo Leben mit anderem Leben konkurriert, gibt es sowohl innerhalb einer Gattung als auch im Kampf mit anderen Gattungen. Im menschlichen Bereich etwa, um zwei markante Beispiele zu nennen, in denen Leben gegen Leben steht, bei den Themen Notwehr und Abtreibung. Es sind hochgradige Konfliktsituationen. Gleiches gilt auch für den Umgang zwischen Mensch und Tier.

Konfliktbereiche im Verhältnis zwischen beiden gibt es im Großen und Kleinen. Einige entstehen aus der Notwendigkeit, die eigene Sicherheit zu verteidigen, andere, wenn es darum geht, das Überleben zu gewährleisten, andere im Zuge der Nahrungsbeschaffung.

Im Umgang zwischen Mensch und Tier hat sich das Sicherheitsbedürfnis oft zu einem gedankenlosen Ausmerzen aller denkbaren Gefährdungen gewandelt. Grundsätzlich mordlustig verhalten sich die meisten Menschen zum Beispiel im Umgang mit Insekten oder Kleintieren. Selbstverständlich erschlagen sie Mücken und „beseitigen" Ungeziefer, entsorgen eine durchs Zimmer laufende Spinne, vernichten sogenannte Schädlinge im Garten, treten auf den Käfer, der ihnen über den Weg läuft. Unangenehme oder schädliche Tiere bekämpfen sie mit chemischen Mitteln. Sie streuen Rattengift aus und lassen Mäuse in Fallen erschlagen.

Ein zweiter Bereich, in dem wir – kaum bewusst – alltäglich mit Tieren zu tun haben, ist unsere *Ernährung.* Die meisten Menschen essen Fleisch. Fleisch, das wir an der Fleischtheke kaufen, besteht aus zerstückelten Tieren. Nirgends wird die menschliche Gewalt-Dominanz über die Tierwelt so deutlich wie in der Nahrungsmittelversorgung.

Tiere, die zur Nahrungsmittelproduktion gehalten werden, werden (wen sie nicht vom Öko-Hof stammen) in der Regel auf engstem, platzsparendem Raum gehalten, haben meist keinerlei Auslauf oder Bewegungsfreiheit. Sie werden je nach speziellem Verwendungszweck einseitig und unnatürlich überzüchtet und durch entsprechendes Kraftfutter in kürzester Zeit gemästet, sodass ihr Körperbau vielfach völlig überlastet ist. All das dient nur dem einen Zweck: der optimalen Verwertung. Das gilt für Federvieh ebenso wie für Schweine oder Rindvieh und andere. Tiere dienen ausschließlich als Lieferant für Fleisch, Milch, Eier und die beim Schlachten anfallenden Nebenprodukte wie Horn, Häute, Federn usw.

Fleisch essen bedeutet, wenn auch nur indirekt, teilzuhaben an der Art und Weise, wie mit Schlachttieren umgegangen wird. Vermutlich empfänden die meisten Menschen die dabei angewandten Praktiken als grausig. Markante Beispiele für Tierschinderei sind zunächst einmal jede Art von nicht artgerechter Tierhaltung, von Mästung und Fehlernährung und strapaziösen Tiertransporten; ebenso die noch immer erlaubte Quälerei der Massentierhaltung sowohl von Federvieh wie von größeren Tieren; außerdem bestimmte bestialische Schlachtpraktiken.

Wenn einer ein Stück unkenntliches Fleisch kauft, hat es eine Geschichte hinter sich. Nur wenig lässt noch erkennen, dass es sich eigentlich um Leben handelt. Vermutlich, weil diese Verarbeitung des Lebendigen den Blicken der Verbraucher weitgehend verborgen bleibt, erhebt sich dagegen nur wenig Protest.

Wer sich der Tierwelt geschwisterlich verbunden fühlt, verzichtet vielleicht völlig auf Tiere als Nahrungsquelle. Als konsequente Vegetarier oder gar Veganer lehnen manche Menschen das Töten von Tieren zum Verzehr oder überhaupt die Nutzung von Tieren für die Nahrung (etwa Milch oder Eier) bzw. für die Kleidung (etwa Leder, Wolle oder Daunen) ab und achten damit die Kreatur.

Ein dogmatischer Umgang mit dieser Frage scheint mir allerdings nicht angebracht. Wie etliche Tierarten sind auch Menschen Fleischfresser; zwar nicht ausschließlich, aber bei entsprechender Gelegenheit. Menschen haben, soweit man es an den gefundenen Gebissen feststellen kann, ebenso wie ihre nächsten Verwandten, die Primaten, schon immer Mischkost zu sich genommen, waren nie reine Pflanzenfresser. In der Menschheitsgschichte gab es keine natürliche Fleischabstinenz, es sei denn, Fleisch hätte nicht zur Verfügung gestanden. Ob jemand Fleisch (oder Fisch) isst oder nicht, sollte man nicht ideologisch überhöhen. Deshalb verstehe ich den Leitsatz von der Geschwisterlichkeit zwischen Mensch und Tier zwar als generelle, nicht aber dogmatische Vorgabe.

Deshalb geht es m.E. nicht um das Dass des Fleischessens, sondern um das Wie, das Drum und Dran. Die Frage ist: Wie wurden die Tiere gehalten und ernährt, deren Produkte oder Fleisch ich zu mir nehme?

Sofern der Mensch sein Überleben auf Kosten tierischen Lebens sichert, also sofern er Fleischesser ist, drückt sich darin, dass er Tieren nachstellt, sie erlegt, sie auch zähmt, züchtet, gefangen hält und schlachtet, zwar seine mörderische Überlegenheit über sie aus. Aber indem er die als Nahrungsreservoir gehaltenen Tiere artgerecht hält, sie nicht quält, nicht schindet, nicht unnötig leiden lässt, kann gleichzeitig eine grundsätzliche Anerkennung des Lebensrechts des anderen Lebens darin erkennbar bleiben. Er kann, obgleich er es auch für sich nutzt, dem andern Leben Respekt und Achtung entgegenbringen.

Respekt und Achtung als Merkmale der Geschwisterlichkeit werden auch daran erkennbar, was für Fleisch einer isst; ob es aus Massentierhaltung oder aus artgerechter Aufzucht stammt, ob das Tier gesund ernährt oder im Schnellverfahren hochgemästet wurde, ob es vom Ökohof im Nachbardorf kommt oder von wer weiß woher antransportiert wurde.

Aber das zu unterscheiden und sein Einkaufs- und Essverhalten darauf abzustellen, fällt nicht immer leicht, selbst dem gutwilligen Menschen nicht. Gleiches gilt für das Verzehren von

Fisch, worüber sich viele, weil wir Fische üblicherweise nicht sehen, noch weit weniger Gedanken machen (obwohl wir sie oft in äußerlich gut erkennbarer Gestalt auf dem Teller liegen haben).

Weil er die Tiere, deren Fleisch er essen will, längst nicht mehr selbst erjagt, sie nicht selbst waidgerecht zerlegt und verarbeitet, ist der Normalverbraucher allerdings weitgehend auf vorgefertigtes Fleisch angewiesen, das ihn nur noch in zerlegten Portionen oder in verarbeiteter Version als Wurst- und Fleischware erreicht.

Die Achtsamkeit gegenüber der Kreatur fordert ihm eine hohe Bewusstheit ab. Das kann das Essen sehr kompliziert machen. Wer sein Essen nicht immer selbst zubereitet, wer im Restaurant Essen geht, wer Einladungen folgt oder an Festivitäten teilnimmt, kommt um ein erhebliches Maß an Ungenauigkeiten nicht herum. Unter Umständen kann er vieles nicht mitessen, er muss nachfragen, sich eventuell absondern.

Und so streng einer auch mit sich selbst sein mag, kann er nicht davon ausgehen, dass sein Partner, seine Kinder, Eltern, seine Freunde und Bekannte, mit denen er am Tisch sitzt, mit ihm mitziehen. Und manchmal möchte er vielleicht seine Regeln selbst mal übertreten, ist es leid, immer alles zu überprüfen, besitzt sozusagen seine geheime innerliche Süßigkeiten-Ecke. Wer zu streng mit sich ist, wird leicht zum Verleugner und Verdränger, wenn er mal schwächelt.

Als Teil der kreatürlichen Welt kann der Mensch von den anderen Kreaturen lernen. Schaut man ins Tierreich, dann wird sichtbar, dass, wo es ihn gibt, der Kampf des einen gegen den anderen nicht von Eroberungslust und Mordlaune gesteuert, sondern dass er ein Ausdruck des jeweiligen Überlebenswillens ist. Es geht um das Grundbedürfnis, den Hunger zu stillen. Ein darüber hinausgehender Dominanz- und Vernichtungstrieb ist in der Natur fremd. Er würde auch die eigene Nahrungs- und Lebensbasis mitzerstören. Deshalb hat eine Ausrottungsstrategie im Tier- und auch im Pflanzenreich keinen Platz. Sie ist erst eine menschliche Errungenschaft.

Andererseits herrscht im Tierreich auch nicht schlichte Eintracht. Jesaja prophezeite einst in seinem berühmten visionären Wort für das von ihm herbeigesehnte kommende, endzeitliche Friedensreich (Jes 11,6; vgl. 65,25):

„Da wird der Wolf
zu Gast sein bei dem Lamme
und der Panther
bei dem Böcklein lagern.
Kalb und Junglöwe
weiden beieinander,
und ein kleiner Knabe
leitet sie."

Es ist das Bild von einer Welt, in der sich die Gegensätze aufgelöst haben, wo Mensch und Tier in solidarischer Harmonie leben können, weil alle Bedürfnisse gestillt sind. Ein grandioser Traum! Und die Sehnsucht eines, der schon damals unter der mangelnden Solidarität zwischen Mensch und Tier gelitten hat.

Aber so war die Welt nie, so wird sie nie sein. In der kreatürlichen Welt herrschte niemals nur Frieden. Es hat nie einen paradiesischen Zustand gegeben, in dem das Lamm furchtlos und sicher neben dem Wolf weidete; es sei denn, letzterer war satt. Und es wird einen solchen Zustand auch in Zukunft nicht geben. Vielmehr herrscht in ihr, wo der Mensch nicht eingreift, ein zwar achtungsvolles, manchmal jedoch auch spannungsvolles Miteinander.

Aber es herrscht zwischen den Kreaturen kein Krieg. Wo Tiere relativ unberührt zusammenleben und genügend Platz ist, grasen sie, wenn vielleicht auch mit aufmerksamer Distanz, nebeneinander, wie man es zum Beispiel in den afrikanischen Savannen bis heute beobachten kann. Aber bisweilen stillen die Raubtiere ihren Hunger an den anderen, dann geht es um Leben und Tod.

Dabei trägt die Natur der Erfahrung Rechnung, dass das Leben grundsätzlich bedroht ist. Jeder darf sein, aber niemand hat seinen Platz absolut sicher. Das Leben hat sich darauf eingestellt, dass nicht jeder überlebt; unter anderem auch deshalb, weil er Teil einer Nahrungskette ist. Nicht jeder, der geboren wird, hat das Glück, natürlich zu sterben. Die Erfahrung lehrt: Es gibt Schwund. Das Leben produziert deshalb immer viel mehr Nachkommen, als bei einem ungestörten Überleben erforderlich wäre.

Ich fasse zusammen. Geht man ins Detail, ist der geschwisterliche Umgang mit den Tieren bisweilen kompliziert und von allerlei *Unschärfen* begleitet. Das ist auch gut so, weil menschliches Leben, wie noch zu zeigen, selber Ungenauigkeiten braucht. Es verhindert Fanatismus. Aber die Richtung muss stimmen.

Wer auf das Große Ganze schaut, wird zum Anwalt des Lebens. Er stemmt sich der fortschreitenden Entwertung und Ausbeutung der Natur und der Kreatur entgegen. Weit entfernt von einem solidarischen Umgang mit der Natur und einer geschwisterlichen Rolle gegenüber den Tieren braucht das Leben eine Lobby. Ihr Motto ist simpel. Ein einfacher Kinderspruch (eine Variante der goldenen Regel) kann das Wesentliche zusammenfassen: „*Was du nicht willst, das man dir tu, das füg auch keinem andern zu!*" Diese Einsicht macht aus jedem Menschen von selbst einen Anwalt des Lebens.

Mitgegangen, mitgefangen

Lebe! Überlass dich dem Leben, stimme ihm zu! Und tu, was dem Leben dient, als Anwalt des Lebendigen – das sind die einfachen Leitsprüche, die ich aufs Große Ganze schauend dem Leben selbst entnehme und die ich oben ausgefaltet habe.

Aber ich wäre blind, würde ich nicht sehen, wie entmutigend weit meine Realität oft von diesen Zielen entfernt ist; wie sehr ich in meinen Möglichkeiten beschränkt bin – sowohl durch die äußeren Zwänge des gesellschaftlichen Umfelds als auch durch die Bremsmechanismen meiner eigenen Unzulänglichkeit und meiner inneren Selbstzweifel. Täglich bin ich mit ihnen konfrontiert. Will ich nicht resignieren, brauche ich nicht nur richtige Überzeugungen, sondern auch praktikable, alltagstaugliche Wege, ihnen gerecht zu werden.

In den letzten Kapiteln dieses Buches geht es mir darum, mich dem zu stellen, was mein Leben, sei es von außen, sei es von innen, ausbremst. Das ist ein Kapitel, bei dem die meisten Menschen sehr gesprächig werden können. Warum gelingt mir mein Leben nicht, warum renne ich mich immer wieder fest? Was hindert mich, unbeschwert in meine Kraft zu kommen, mir das

Leben zu gönnen, mich dem Leben zu überlassen? Was bremst mich aus? Was kann mich ermächtigen und beflügeln? In der Vielfalt der individuellen Antworten schaue ich dabei nach dem Grundsätzlichen. In diesem Kapitel betrachte ich zunächst die äußeren Lebensbremsen.

Leben unter den Bedingungen des einundzwanzigsten Jahrhunderts ist, behaupte ich, sich selbst schon in vielen Bereichen entfremdet. Es findet statt in einem zunehmend konstruierten, künstlichen, gesteuerten und vorgeformten Umfeld. Es hat sich aus dem Kontext des Natürlichen weit entfernt. Das habe ich oben beschrieben. Die Natur ist erobert, die Tierwelt beherrscht. Überall bekomme ich es hautnah zu spüren: mein Leben ist verfangen in jenem entfremdeten Umgang mit dem Lebendigen, den viele Generationen vor mir schufen.

Ich selbst, wie beinah jeder Mensch auf dieser Erde, bin geprägt, bestimmt, gelenkt von jenem Herrscherwahn, von jenem unhinterfragten Besitzergeist, von jener Eroberungsgier, die sich die Menschheit im Lauf der letzten zehntausend Jahre angemaßt, mit der sie alles Leben dieser Erde überzogen hat. Dem Leben dienlich zu sein im Geiste des Großen Ganzen wird mir unter diesen Vorzeichen schwer.

Handstreich

6 Millionen Jahre
grob gesagt
brauchte die Menschheit
sich zu formen
aufrecht zu gehen

Ein paar hunderttausend Jahre
nahm sie sich vermutlich Zeit
sprechen zu lernen
und sich selbst
zu entdecken

in wenigen tausend Jahren
lernte sie
ihre Nahrungsbeschaffung
zu sichern
und sich auszubreiten

In kaum 200 Jahren
schaffte sie es
die Erde zu vergewaltigen
und zur Hure zu machen
und nun

Das über Jahrmilliarden entstandene Modell der indirekten Solidarität, einer alles in allem friedlichen Koexistenz des Lebens auf der Erde, ist ein Auslaufmodell. Es existiert nur noch in Restbeständen. Überwiegend ist es zerstört.

In immer rasanterem Tempo gestalten menschliche Bedürfnisse und Vorstellungen die Erde um. Menschen verwandeln natürliche in Gebrauchslandschaften, betrachten Tiere fast nur noch als Nahrungsreservoir, machen sich die Kreatur passend. Das ist für den, der sich dem Großen Ganzen öffnet, der seine Beziehung zur Mitkreatur als geschwisterlich versteht, der den Wunsch hat, dem Leben wie ein guter Anwalt dienlich zu sein, eine bittere, eine unerträgliche Wahrheit.

Manchmal halte ich still, atme nur leise, hole die Bilder herauf, die noch aus früheren Zeiten in mir nisten, als mir die Entfremdung zwischen mir und der Natur noch kleiner schien.

Als ich klein war

Als ich klein war
jagten Schwalben um unser Haus
bauten am Dach ihre Nester
in Feldrandblumen schwärmten Bienen
die Windschutzscheiben waren
verklebt von Insekten

die kopfsteingepflasterten Höfe
von bissigen Hunden
an langen Ketten bewacht
die wabernden Stallgerüche
das Stampfen der Gäule
das Blöken des Viehs

An Alma und Dora
den geduldigen Milchkühen
lernte ich melken
wenn eine kalbte
schickte man mich nach draußen
aber ich hörte sie röcheln

Wenn die Muttersau im Koben warf
zählten wir die Fickel im Stroh
und gaben der Alten zu saufen
Schlimm im Herbst das Schlachten
der Knall mit der Bolzenpistole
das Häuten

Der Bauer hatte zu kämpfen.
Schon in den Sechzigern
wurde der Hof unrentabel
die Äcker verpachtet
die Tiere verschwanden
zuletzt auch die Hühner

Land und Gebäude
gewinnbringend verkauft
in Appartements umgewandelt vermietet
stadtnah sehr ruhig
und wie es hieß
in gesunder Landluft

Die gewiss nicht nur idyllischen bäuerlichen
Kleinorganismen, in denen Begegnungen mit Na-

tur und Kreatur tägliche Praxis waren, sind in unseren Breiten weitgehend ausgestorben. Auch die wenigen ökologisch wirtschaftenden Nischenhöfe können nur überleben, wenn sie sich spezialisieren und technisieren. Die Dörfer haben sich verwandelt, die Tiere sind verschwunden. In den industrialisierten Ländern gibt es nur noch wenige freie und sinnliche Begegnungen mit der Natur. Die Natur erleben wir meist als Staffage, als Hintergrund beim Wandern und Spazierengehen, beim Joggen und Walken und Biken, für einige Atemzüge und weitende Blicke, für ein paar Tage Gegenwelt im Urlaub.

Fast jeder heute lebende Mensch ist verstrickt in lebensferne, naturzerstörende Zusammenhänge, so auch ich. Gebe ich mir ehrlich Rechenschaft, dann sehe ich nur kleinsten Spielraum, mich dem zu entziehen. Ich fühle mich mitgerissen, überrannt, wehrlos. Ich mache mit und habe keine Chance, anders zu leben.

Kein Winkel meines Lebens ist davon noch unberührt. Voller Zwänge und mehr noch, voller Verlockungen begegnet mir das Leben in der modernen Konsumgesellschaft, voller Möglichkeiten. Tag und Nacht gibt's aufbereitetes Leben im Angebot und überfordert mich. Erdrückt von der Unübersichtlichkeit des Alltags fühle ich mich orientierungslos und gehe denen auf den Leim, die ihre Glücksversprechen am günstigsten verkaufen.

Unüberschaubar und komplex erscheint mir das Leben. Kaum durchschaubar, nur Eingeweihten zugänglich, sind die Interessen und Abhängigkeiten, die die moderne Lebenswelt bestimmen, in die mein Leben aber eingebunden ist und durch die ich mir Tag für Tag einen Weg bahnen muss, will ich dem Leben Raum geben, dem Leben dienen. Oft fühle ich mich wie in einem Labyrinth. Überall drohen Sackgassen, Um- und Abwege. Eine Fülle von Informationen und Kenntnissen müsste ich besitzen, um verantwortliche Entscheidungen fällen zu können:

Ich weiß nicht, kann nur ahnen, wo und wie genau die diversen Nahrungsmittel produziert werden, die ich zu mir nehme; wo und wie die Kleidung hergestellt wurde, die ich trage, welche Menschen unter welchen Umständen sie nähten; wo und mit welchen Materialien die Möbel, die Räume, die Häuser, in denen ich mich aufhalte, angefertigt wurden und welche Auswirkungen ihre Herstellung auf die Natur besitzt; aus welchen Rohstoffen sich all die technischen Geräte zusammensetzen, die ich täglich ohne nachzudenken nutze, und wie sie gewonnen wurden. Ich durchschaue nicht, welche schädlichen Bedingungen den Preis einer Ware mitbestimmen, die ich erwerbe. Ich kann nur ahnen, welche Wirkungen die Verkehrsmittel, die ich nutze, auf die Natur haben, wie die Energie erzeugt wird, die mir überall zur Verfügung steht, oder welche Nebenschäden die Produktion und der Gebrauch der elektronischen Medien anrichten, mit Hilfe derer ich selbstverständlich kommuniziere. Und so fort.

Es ist eine Tatsache, aus der keiner aussteigen kann: Wir leben in einer immer umfassender vom Kapitalismus beherrschten globalen Welt. Immer gewaltigere Kapitalzusammenballungen, immer mächtigere multinationale, selbst von Staaten nicht zu kontrollierende Großkonzerne führen einen unerbittlichen Verteilungskampf um die Ressourcen der Erde und scheren sich nur wenig um die Natur, die Kreatur und oft auch nicht um die Menschen. Immer einfallsreicher und aggressiver bringen sie ihre Produkte an den Mann und an die Frau. Fast alle Menschen sind darin eingespannt. Was hätte ich für eine Chance auszuscheren? Die aussichtslose Perspektive dessen, der überall begrenzt ist durch die ihn beherrschenden Verhältnisse, beschrieb klassisch Bert Brecht in der Dreigroschenoper:

Ein guter Mensch sein! Ja, wer wär's nicht gern?
Sein Gut den Armen geben, warum nicht?
Wenn alle gut sind, ist SEIN Reich nicht fern
Wer säße nicht sehr gern in SEINEM Licht?
Ein guter Mensch sein? Ja, wer wär's nicht gern?

Doch leider sind auf diesem Sterne eben
Die Mittel kärglich und die Menschen roh.
Wer möchte nicht in Fried und Eintracht le-
ben?
Doch die Verhältnisse, sie sind nicht so! (...)

Natürlich hab ich leider recht
Die Welt ist arm, der Mensch ist schlecht.
Wer wollt auf Erden nicht ein Paradies?
Doch die Verhältnisse, gestatten sie's?
Nein, sie gestatten's eben nicht.

Das Gute, Richtige zu tun: Ist es nicht abhängig von den ökonomischen Bedingungen? Setzen die ungleiche Verteilung von Macht und Geld und der höchst unterschiedliche Zugang zu den Ressourcen des Lebens nicht auch dem Gutwilligsten Grenzen? Kann der, dem alle Mittel fehlen, der keine Alternativen besitzt, sich selbst in die Pflicht nehmen, dem Leben zu dienen? Gilt nicht der unbarmherzig-bittere, ebenfalls aus der „Dreigroschenoper" stammende Brechtsche Satz: „Erst kommt das Fressen, dann kommt die Moral"?

Und es hört ja nicht auf. Es ist keine Änderung in Sicht, ganz im Gegenteil. Täglich vermehrt sich die Weltbevölkerung. Täglich rücken Menschen nach, die nicht zuerst fragen, wie umwelt- und naturverträglich sie sich verhalten sollten, sondern die zunächst einmal leben und überleben

wollen. Findet ein solidarisches Verhalten gegenüber der Natur und Kreatur nicht dort unweigerlich Grenzen, wo es ums menschliche Überleben
geht? Habe ich eine Chance, irgendetwas zu verä-
dern? Was bleibt mir denn mehr als zu protestie-
ren?

Meine Erde

Die meiner Erde
Gewalt antun
die Flüsse verseuchen
die Meere verdrecken
die Luft verpesten
den Boden ausbeuten
vergiften und zubetonieren
die dem Leben seinen Raum stehlen
die Menschen unwissend halten
und Tiere wie Sachen behandeln
und Pflanzen wie Dreck

die meine Bedürfnisse
steuern
mich einpassen
in Wohlstand
und Besserverdienst
bis ich ihre Sprache spreche
die mich abhängig
und zum Komplizen machen
mich instrumentalisieren
so dass ich längst
ein Rädchen bin
im Ausbeutungsgetriebe

Ich widerspreche euch
widerspreche euch
widerspreche euch
und gestehe
ich bin hilflos
klammere mich
an Worte
und ein bisschen
Anderssein
und weiß
das hält euch nicht auf

Menschen, die auf das Ganze sehen, die Leben schützen, die Anwälte des Lebendigen sein möchten, stoßen überall an Wände. Aber sie finden sich unter Reichen ebenso wie unter Armen. Es ist, darin widerspreche ich Brecht, keine Frage des Habens, sondern des Seins, also der inneren Anbindung an das Große Ganze. Die Rechtfertigung, die Erde auszubeuten, nimmt sich der eine aus seiner angeblichen Verantwortung für das Ganze, der andere aus seiner prekären Lage.

Welche Chance der einzelne hat, umzusteuern, wie viel er bewegen kann, ist eine andere Frage. Im Umgang mit der Natur haben zunächst einmal alle Anteil an ihrer Ausbeutung. Keiner kann sich ausnehmen. Dass der Zugang zu Wohlstand und Bildung ungleich verteilt ist, stellt jeden allerdings vor unterschiedliche Lebensaufgaben. Aber alle sind mitverstrickt.

Die Erfahrung, dass ich an meine Grenzen stoße und das Gefühl habe, nichts tun zu können, hat aber keineswegs bloß gesellschaftlich-ökonomische Ursachen, sondern auch persönlich-psychologische. Denn es überfordert mich von Mal zu Mal, das Richtige zu tun. Unentwegt, von früh bis spät, muss ich auf der Hut sein, will ich nichts falsch machen, muss mich im Labyrinth modernen Lebens zurechtfinden. Das gilt, wenn auch auf unterschiedlichem Niveau, für den, der viel hat, genauso wie für den, der weniger hat.

Deshalb stellt sich die Frage: Ist es nicht naiv, großherzige Sätze zu formulieren, richtige Forderungen aufzustellen, und gleichzeitig zu wissen, dass sie keine Aussicht haben, verwirklicht zu werden? Oder festzustellen, dass mein Verhalten wirkungslos bleibt? Es wird mir schwer mich zu motivieren, gegen den Strom zu schwimmen, wenn ich keine Chance habe, die Strömung zu verändern. Lieber schwimme ich mit. Und bin ich nicht selbst längst ein Teil der Strömung? Wie soll ich mich selbst aus einem Netz der Missachtung des Kreatürlichen heraustrennen, in das ich völlig verflochten und eingewachsen bin?

Je genereller ich die Frage stelle, desto aussichtsloser erscheint es mir, zu irgendeiner positiven Antwort zu kommen. Trotzdem braucht sie eine Antwort. Denn im Nahen und Konkreten spüre ich tagtäglich ihre Relevanz. Will ich dem Leben Raum geben, muss ich mir, der ich in diesem Gesellschaftssystem lebe und meine Brötchen verdiene, eine Menge unangenehmer Fragen beantworten. Geht es im Großen um meine innere Haltung, dann geht es im Kleinen um meine Alltagsgestaltung. Geht es im Großen um meine Überzeugungen, dann geht es im Kleinen um meine Zeit und um meinen Geldbeutel.

Besonders im Kleinen stellen sich mir dringende, vielschichtige Fragen: Was ist mit meinem Beruf? Ist er kompatibel mit meiner Überzeugung? Womit verdiene ich mein Geld? Wofür gebe ich es aus? Und wenn ich etwas übrig habe: Bei welcher Bank lege ich es an? Und was macht die Bank mit meinem Geld? Legt sie es solidarisch an? Habe ich dabei das Ganze im Blick? Was ist mit meiner Nahrung, meiner Kleidung, meiner Wohnung, der Gestaltung meiner Freizeit, meiner Weise mich fortzubewegen, meiner Art zu kommunizieren? Wo und wie engagiere ich mich? Wem nutzt, was ich tue? Wem schadet es? Wie sieht es konkret aus, wenn ich dem Leben dienen will?

Diese Fragen lassen sich nicht beiseiteschieben. Sie sind unbequem, anstrengend. Sie verlocken dazu, sie zu überhören. Sie stoßen den Gutwilligsten und Begeistertsten auf seine unschöne Realität und auch auf das sehr begrenzte Maß seiner Möglichkeiten. Sie zerren ihn aus den

Wolken des Nötigen und Wünschbaren auf den Boden des Faktischen und Machbaren. Das ist mitunter ein deprimierender, desillusionierender Schrumpfungsprozess, eine schmerzhafte Ausmagerung.

Es ist ein schlichter Satz, eine einfache Botschaft, mit der sich die Ethik der geschwisterlichen Solidarität bündeln lässt: *Willst du ein Anwalt des Lebendigen sein, dann tu, was dem Leben dient.* Aber so eindeutig und eingängig dieser Satz ist, wer sein konkretes Leben daran ausrichten möchte, stößt überall auf Schwierigkeiten, große und kleine, innere und äußere, die ihn ausbremsen und ihm den Schneid abkaufen.

Betrachtet er seine Kräfte und vergleicht sie mit den Gegenkräften, erscheinen seine Ziele ganz unerreichbar und seine Aufgaben utopisch. Wer aber immer das Gefühl hat, gegen Windmühlenflügel ankämpfen zu müssen, wird irgendwann müde. Kein Wunder, wenn ihn auf Dauer Zweifel und Resignation demoralisieren, wenn er irgendwann aufgibt, abstumpft und gleichgültig wird.

Welche Chance habe ich, gegenzusteuern? Wie kann ich mir Schneisen schlagen? Wie kann ich meinen Überzeugungen folgen ohne mich zu verraten und zu verkaufen? Habe ich eine Chance, mit gutem Gewissen in den Spiegel zu sehen?

Das ist klar: In den Niederungen meines labyrinthischen Alltags brauche ich Orientierung und Ermutigung. Die guten Worte sind eins; aber ich brauche vor allem praktikable, mich nicht überfordernde Lösungswege. Es ist eine alte Erfahrung. Der Mensch braucht gangbare Wege. Sonst geht er sie nicht. Oder er geht sie nur ein Stück weit und schleicht sich dann heraus.

Zunächst einmal gilt dies für mich: Ich bin ein Kind des Lebens. In mir, in meinem Körper, meiner Seele, steckt das Leben in seiner Fülle. Ich bin ein Teil des Ganzen. Ich schwinge mit dem Leben mit, und daraus ergibt sich für mich das Wollen und Tun des Richtigen von selbst. Das Leben pulst in mir, ich bin ein Träger seiner ewigalten Geschichte. Und schaue ich das Leben an, dann springt es mir auch noch im deformierten Zustand überall entgegen. Schaue ich aufs Große Ganze, sehe ich auch im Beschädigten noch seinen Abglanz. Im Blick aufs Ganze finde ich für mich zum Wesentlichen und zur eignen Mitte. Ich folge dem, was mich beseelt und was mir Sinn gibt – ganz gleich, wie viel Erfolg ich dabei habe, ganz gleich, ob andere es auch so machen, ob sie mir zustimmen. Ich kann gar nicht anders.

Trotzdem klafft zwischen dem, was ich will und dem, was ich kann und tue, eine unerträgliche Lücke. Der Widerspruch zwischen meinem

Wollen und Tun, zwischen meinem Wollen und Können droht mich bisweilen zu zerreißen.

Ich glaube nicht, dass ich diesem Widerspruch entkommen kann. Aber ich glaube, dass er sich mindern und mildern lässt. Und zwar dann, wenn ich begreife, dass sich mein Wünschen und Wollen überwiegend auf die großen, mein Tun und Können auf die kleinen Ziele meines Lebens bezieht. Er mindert sich, er löst sich nicht auf.

Das Kleine und das Große, das Erreichbare und das Utopische – die beiden stehen in einer permanenten Spannung. Sie brauchen sich gegenseitig.

Ich habe in aller Regel sehr wenig Einfluss auf das Große; aber das Kleine kann ich – begrenzt – bewirken und bewegen. Das Kleine, Alltägliche, Unbedeutende und Nebensächliche bietet jedem die Chance, etwas zu tun.

Kann sein, so redet vor allem ein Mensch, der älter ist. Der junge will das so nicht gelten lassen. Er braucht die großen Ziele, die Vision, das Ganze zu verändern. Er schaut nicht auf Begrenzungen und Widerstände. Er fordert das Unmögliche. Was anderen wie Größenwahn erscheint, beflügelt alle seine Kräfte. Es stimmt ja auch: Wer nicht den Mut hat, das Unmögliche zu denken, bleibt hoffnungslos im Sumpf des Alten stecken.

Wenn einer uns vorangeht, der das Unmögliche will, dann reißt er uns mit. Wir haben dafür viele Beispiele, gute und leider auch böse. Visionen setzen uns in Gang. Sie wecken in uns große, rauschende Gefühle. Sie können uns auch dienlich sein, mit größter Kraft zu kämpfen und unser Letztes einzusetzen. Sie können uns helfen, Widerstände auszublenden und uns ganz auf das eine zu fokussieren. Sie treiben uns zu höchsten Zielen – und lassen uns ein andermal am tiefsten stürzen. Meist ermöglicht uns erst die Erfahrung, abzustürzen oder wenigstens fallen zu können, die Einsicht, dass wir uns realistische Ziele setzen müssen.

Das Große, das ich nicht erreiche, macht mich auf Dauer mutlos und verzweifelt; das Kleine, das ich beeinflussen kann, regt meine Phantasie an und lässt mich wachsen. Doch beide brauchen sich. Wenn ich im Kleinen danach handele, was ich im Großen für richtig halte, bleibe ich in Verbindung – mit mir selbst, mit den anderen Menschen, der Mitkreatur, der Natur, dem Großen Ganzen. Dann kann ich, in jenen Grenzen, die ich überschaue, glaubwürdig sein und mir treu bleiben.

Kleine Schritte, die zu überschaubaren, erreichbaren Zielen führen, spornen mich an und machen mir Mut. Hürden, die nicht zu hoch stehen, die sich überspringen lassen, stärken meine Kraft.

Wie viel ich bewegen kann, ist im Einzelnen sehr unterschiedlich. Es entscheidet sich an meinen Fähigkeiten und Möglichkeiten. Aber es gibt niemanden, der nicht *etwas* tun könnte. Das dem Einzelnen entsprechende Maß findet er, wenn er *tut, was er kann*, wenn er das Beste aus dem macht, was ihm zur Verfügung steht. Das ist keineswegs für alle gleich. Es ist für jeden anders. Aber es *ist*.

Wenn nun, von Ferne betrachtet, mein Anteil an der Verantwortung für das Ganze auch nur minimal sein mag, so ist er *aus der Nähe betrachtet*, für mich persönlich, *riesengroß*. Für mein eigenes Leben macht es einen fundamentalen Unterschied, ob ich mich für das Ganze öffne oder nicht, ob ich mir treu bin oder nicht, ob meine Überzeugung und mein Verhalten sich entsprechen. Für mich persönlich hängt daran alles. Aber es ist erst einmal keine Frage des Erfolgs, sondern eine des Ziels.

Wenn ich auf das Ganze sehe, denke ich *global* und bin nur ein Staubkorn; ich gehe unter im Quantenmeer des Ganzen. Sehe ich auf meine persönliche Verantwortung und meine eigenen Möglichkeiten, auf *mein persönliches Quantum Leben*, handle ich *lokal*, und mein Beitrag ist lebenswichtig und umfassend. Beides gehört untrennbar zusammen.

Kann sein, dass meine globalen Aussichten trostlos und meine Möglichkeiten belanglos sind. Im Blick auf das Ganze leitet mich deshalb das oft zitierte Motto, dass der Weg das Ziel ist. Ich folge mit ihm nur meiner inneren Überzeugung, nicht dem Maßstab des Erfolgs. *Ich handele bestenfalls "als ob".* Ich verhalte mich, als würde mein Handeln die Welt verändern, als wäre diese Erde zu retten, als ob ich mein Ziel erreichen könnte, als ob es von mir abhinge, was aus der Natur wird.

Aber global, das ist wahr, erreiche ich fast nichts. Bezogen jedoch auf meine lokalen Ziele sieht es ganz anders aus. Im Kleinen, in meinem eigenen Leben, in meinem persönlichen Umfeld, in dem mir zugänglichen sozialen Kontext habe ich viele Chancen etwas zu erreichen.

Insofern ist mein Verhalten dann doch und durchaus auf Erfolg ausgerichtet. Insofern kann ich mich auch daran machen, jene vielen Fragen, die ich oben aufwarf, in erreichbaren Schritten und zu bewältigenden Portionen zu beantworten: wie ich mein Geld verdiene und mit ihm umgehe, wie ich mein Leben gestalte, mich einrichte, kleide, mich ernähre, wofür ich mich engagiere.

Aber fast immer gilt der Satz: *Erfolgreich kann ich nur im Kleinen sein.* Nur die kleinen, die erreichbaren Ziele, nur die kleinen Schritte führen mich aus der Sackgasse der Resignation. Nur sie eröffnen mir gangbare Wege. Was ich für richtig halte, muss in einer angemessenen Relation zu dem stehen, was ich erreichen kann. Sonst überfordere ich mich. Wenn ich beide Seiten nicht bewusst aneinander anpasse, findet mein Unbewusstes Wege, mich zu sabotieren.

Natürlich stoße ich auch im Kleinen an Grenzen. Ich muss nicht nur aushalten, dass ich in meinen Möglichkeiten beschränkt bin, sondern auch, dass ich in Widersprüchen lebe. Vieles, was ich ablehne, kann ich nicht verändern, ich bleibe mitgehangen.

Aber indem ich konkrete Ziele ansteuere, lerne ich kleine Erfolge zu schätzen. Ich starre nicht auf das, was ich *nicht* erreiche, was mir *nicht* gelingt, sondern ich schaue auf das, was ich verändern kann.

Und genau das ist *ein Merkmal des Lebendigen*. Es ist dem Leben angemessen: *das Mögliche zu tun*. So entwickelt sich Leben: Es breitet sich aus, wo es kann, je nach seinen Möglichkeiten. Es nimmt sich seinen Raum, wo Platz ist. So macht es das Leben überall. So begegnet mir das Leben von Anfang an: als Ermöglichung, als Erlaubnis.

Der Blick darauf, wie es eigentlich sein sollte, der Blick auf das Große Ganze schärft mein Gewissen; der Blick auf die Realisierbarkeit und das begrenzte Maß meiner Möglichkeiten erlaubt mir sodann auch kleine Schritte zu tun und zu würdigen. Stoße ich im Kleinen an Grenzen, dann gibt es keinen Grund zu resignieren. Vielmehr macht es mich kreativ. Beschränkungen machen mich erfinderisch. Umgekehrt scheitern Menschen dann, wenn sie ihre Hürden zu hoch aufgestellt haben. Dann stürzen sie tief und zweifeln an sich selbst.

Aber ich brauche immer die Anbindung an das Große Ganze als Korrektur. Der Blick aufs Große Ganze schützt mich, mich zu verunklaren, mich abzustumpfen für mein eigentliches Ziel. Es schützt mich ebenso davor, mich im Einzelnen zu verlieren. Und er schützt mich auch davor, mich in die Faszination des Machbaren zu verstricken. Schaute ich nur auf den Effekt meines Handelns, den *„Erfolg"* – wie es uns in jedem Hollywood-Streifen als typisch amerikanische Job-Philosophie verkauft wird – , könnte mich das schnell dazu verführen, nach dem zynischen Motto zu leben: Der Zweck heiligt die Mittel. Dann kann die Folge sein, dass ich unempfindlich werde für das, was ich, erfolgsorientiert, an Kollateralschäden anrichte.

Deshalb gilt: *Leben geht in kleinen Schritten.* Leben braucht den *Mut, das Einzelne zu tun.* Und während ich kleine Schritte gehe, schaue ich aufs Ganze, damit meine Mittel meinen Zielen entsprechen.

Das innere Loch

Hätte ich in meinem Leben nur mit den gerade beschriebenen äußeren Beschränkungen zu tun: es würde mich entlasten. Ich könnte tun, was mir möglich ist; und was nicht geht, verhindern eben die Verhältnisse. Ich machte kleine Schritte und zöge daraus Mut zu mehr, aber mein Scheitern müsste ich mir nicht selbst ankreiden.

Aber leider fühle ich mich oft, und meist viel stärker, auf eine andere, innere Weise ausgebremst. Sie ist nur schwer zu greifen und ist doch eine alltägliche Erfahrung. Fast jeder macht sie, wenn er zum Beispiel seinen Tag mit guten Vorsätzen beginnt und dann merkt, dass er nicht einlöst, was er sich vornahm.

Dass ich mir selbst im Wege stehe, ist für mich sehr viel schwerer auszuhalten als das, was andre mir an äußerlichen Hemmnissen in die Beine werfen. Ich merke, mein ärgster Widersacher sitzt in mir selbst. Ich muss mir eingestehen, dass mir nicht bloß die von außen kommenden Widerstände zusetzen, nicht bloß meine Erfolglosigkeit, sondern mehr noch bremsen mich meine eigene Unzulänglichkeit, Fehlerhaftigkeit und Selbstabwertung aus, meine inneren Widerstände, meine Inkonsequenz, meine Antriebsschwäche und Unlust. Diese Lebenswiderstände speisen sich nicht aus einem angemaßten Herrscherwahn, sondern aus dem Gegenteil: einem *lähmenden Selbstzweifel.*

Es sind vor allem zwei Grundverunsicherungen und Beeinträchtigungen, mit denen sich Menschen selbst lahmlegen können: ihre *innere Haltlosigkeit* mitsamt dem daraus folgenden Gefühl, nichts wert zu sein und zu versagen, und ihr *innerer Widerstand.* Beiden gehe ich im Folgenden nach.

Viele Menschen leben mit dem mehr oder weniger deutlichen Gefühl: Ich krieg's nicht hin. Ich bin nicht gut genug. Das ist *die erste, stärkste, bitterste Lebens-Bremse.* Sie speist sich aus dem Gefühl: Ich bin's nicht wert. Ich fühle mich nicht sicher in mir selbst. Dies Gefühl gibt es in verschiedenen Schattierungen und verschiedener Stärke. In seiner schlimmsten Form flüstert es dem Menschen ein: „Du bist ein Nichts".

Das ist ein bodenloses Gefühl, eine innere Haltlosigkeit, die einen Menschen an sich selbst, an anderen, an der Welt zweifeln lässt. Wo andere ein Urvertrauen in das Leben und in sich selbst besitzen (oder zu besitzen scheinen), gähnt bei solchen Menschen ein Loch. Sie erfahren es als *generelle Verunsicherung.* Dies Gefühl kann sich auf alle Lebensbereiche erstrecken. Wie stark es ausgeprägt ist, ist sehr unterschiedlich; aber es gibt kaum einen Menschen, der nicht von ihm betroffen ist.

Wer nicht genug Halt in sich besitzt, dem fehlt der Stand. Er fühlt sich ungeborgen, heimatlos und findet keinen Platz im Leben. Er fühlt sich nicht gesehen, nicht getragen, nicht geliebt. Er lebt mit dem inneren Wissen, er sei nicht vorzeigbar, nicht liebenswert. Immerfort hört und fühlt er diese Sätze in sich: „Du bist nicht gut genug! Du kannst dich so nicht zeigen! Du schaffst es nicht. Du bist der Liebe der anderen nicht wert!"

Das sind schlimme, feindliche Sätze, die vielen Menschen die Kraft zum Leben nehmen. Sie machen ihnen das Leben zur Qual, zur Tortur, oft viel mehr, als es von außen den Anschein hat.

Auf verschiedene Weise versuchen Menschen, sich mit diesen Überzeugungen zu arrangieren. Manche reagieren so, dass sie sich anstrengen und es allen recht machen wollen. Sie versuchen, alle Erwartungen an sie möglichst schon im Voraus zu erfüllen, damit ihnen niemand auf die Schliche kommt, wie unsicher sie eigentlich sind. Manche fühlen sich von ihren innerlichen Infragestellungen getrieben, Höchstleistungen zu erbringen und sich dabei womöglich auszupowern, bis sie nicht mehr können. Einige plustern sich auf, als wären sie stark, nehmen ein Ich-kann-alles- oder ein Ich-brauche-niemanden-Gehabe an. Andere reden sie ihre Gefühle weg, werden zu intellektuellen Schlaumeiern und Besserwissern und erwecken den Eindruck, sie seien allen Lebenslagen gewachsen, während sie eigentlich unsicher sind. Wieder andere weisen alle Fehler von sich, sind permanent dabei, sich innerlich zu rechtfertigen, suchen die Schwachstellen bei anderen, insbesondere bei ihrem Partner. Und nicht wenige zweifeln und verzweifeln am Leben und stürzen in immer neue Depressionen.

Den meisten Menschen sieht man es gar nicht an, unter welchem inneren Druck sie stehen. Denn sie empfinden ihre Unzulänglichkeit als unverzeihlichen Makel und versuchen sie, wo immer es geht, zu verbergen. So vielfältig die Formen sind, mit denen Menschen ihrer inneren Verunsicherung zu begegnen versuchen, immer kämpfen sie gegen dieses unerträgliche innere Urteil an: *„Du bist nicht gut genug!"*

Wie kommt es zu solchen Gefühlen? Was macht uns in uns so unsicher? Was fehlt Menschen, die sich haltlos fühlen, die glauben, nicht gut genug zu sein für das Leben? Was brauchen sie?

Dreierlei kann ihnen fehlen: das Vertrauen ins Leben überhaupt, der Rückhalt der Eltern und schließlich das Wissen, Teil des Großen Ganzen zu sein – jene drei Fundamentalsicherheiten, die ich oben in den ersten drei Kapiteln beschrieb.

Alle drei laufen zunächst weitgehend zusammen. Denn was wir an innerer Sicherheit mit ins Leben nehmen, ob und wie wir uns im Kontext anderen Lebens gehalten wissen und in welcher Weise wir uns als Teil des Großen Ganzen erfahren – das erschließt sich uns zuallererst in Resonanz zu unsern Eltern. Die Eltern schließen uns die Tür zum Leben auf, zu uns selbst, zu den anderen und zum Ganzen. Wenn es im Einzelnen auch zu differenzieren ist, kann man generell sagen: Menschen ohne Halt, ohne Vertrauen in sich selbst, fehlen zuerst und vor allem die haltgebenden Eltern im Rücken.

Wenn die Eltern nicht da sind, wenn sie unzuverlässig sind, wenn Kinder der Liebe ihrer Eltern nicht sicher sein können, ist das für sie eine Katastrophe. Manchmal gibt es dann eine Oma, einen Opa, eine Tante, die in die Bresche springen und die tiefe Verunsicherung abmildern, womöglich kompensieren. Aber nicht immer ist das der Fall. Manch einer wurde weggegeben, abgeschoben und verleugnet. Für manchen war seine Kindheit eine Kette voller Angst vor einem strengen Vater, einer alles kontrollierenden Mutter. Manchem war sie eine Zeit großer Einsamkeit, Vernachlässigung bis hin zu innerer Verwahrlosung, bisweilen zusätzlich traumatisch erschüttert von Gewalt und Misshandlung, von Missbrauch und Lebensbedrohung.

Solchen Kindern fehlt der Grundhalt – umso deutlicher und massiver, je früher und länger sie davon betroffen waren. Dann entwickeln sie eine

Frühstörung, ein Grundmisstrauen gegenüber allen andern Menschen, dann lassen sie nur schwer jemanden an sich heran, dann sind sie innerlich in permanenter Habachthaltung; obwohl sie sich nach nichts so sehr sehnen wie nach Geborgenheit und Nähe.

Gewiss gibt es viele Menschen, die das Glück haben, sich von ihren Eltern geliebt und getragen zu wissen, die sich im Leben weitgehend sicher fühlen, die mit ihren Eltern ausgesöhnt und im Reinen sind. Doch oft genug ist es auch anders. Vielleicht nicht immer dramatisch. Aber doch immer wieder spürbar. Das Maß der inneren Haltlosigkeit ist unterschiedlich. Die meisten Menschen fühlen mehr oder weniger starke Verunsicherungen in sich.

Vor allem in der partnerschaftlichen Beziehung treten sie zutage. Sie äußern sich in den zweiflerischen, oft eifersüchtigen Fragen: „Kann ich mich auf dich verlassen? Liebst du mich wirklich? Bin ich dir wichtig und wert? Betrügst du mich auch nicht?" Und oft bilden Menschen, die sich nicht ausreichend sicher fühlen, die Überzeugung aus: „Da ist niemand, auf den ich mich wirklich verlassen könnte. Nirgendwo kann ich mich fallen lassen. Letztlich bin ich allein, muss für mich selbst sorgen."

Nicht selten werden solche Menschen hart und erscheinen stark; aber in Wirklichkeit sind sie innerlich desolat. Nach nichts sehnen sie sich so wie nach Halt, nach Fallenlassenkönnen, aber ihr Misstrauen erstickt immer wieder das zu andern aufkeimende Vertrauen. Sie lassen andere nie ganz an sich herankommen, achten stets auf eine ausreichende Fluchtdistanz. Sie werden tendenziell zu emotionalen Selbstversorgern.

Oben habe ich beschrieben, wie sich dem, der seiner Herkunft *zustimmt*, also seinen Eltern und dem ganzen Drum und Dran, das er zu Beginn seines Lebens mit in seinen Wanderrucksack gepackt bekam – wie sich ihm, wenn er es annimmt, das Leben öffnet und leichtet. Aber bis dahin zu gelangen erscheint oft wie ein unendlich schwerer Prozess, und nicht selten ein unerreichbares Ziel. Viele bekommen es nicht hin, arbeiten sich ein Leben lang daran ab, was ihnen fehlt oder was sie zu tragen haben.

Eltern und Kinder – ein schwieriges und oft ein bitterböses Kapitel! Viele Menschen tun sich mit ihren Eltern schwer, erleben sich, obwohl sie längst erwachsen sind, seltsam gehemmt im Umgang mit ihnen. Sie rutschen, kaum dass sie ein paar Stunden mit ihnen zusammen sind, in alte Kindergefühle, finden sich ruckzuck in alten Auseinandersetzungen wieder. Ein unentwirrbares Geflecht von Nähe- und Abgrenzungsgefühlen durchzieht und belastet ihre Beziehung, ein Hin- und Hergezogen-sein von Dankbarkeit und Liebe einerseits, Abwehr und Wut andrerseits. Sie fühlen sich abhängig und kommen doch nicht los. Sie stehen füreinander ein und machen sich zugleich das Leben schwer. Sie fühlen sich mies behandelt und sind dann wieder voller Schuldgefühle. Kaum gibt es einen Menschen, der seinen Eltern ganz entspannt und unbelastet gegenübersteht. Glücklich, wem das gegeben ist. Aber viele gibt es, die mit ihnen im Zwist leben.

Nicht wenige Menschen sind ihr Leben lang auf der Suche nach jenen Eltern, die sie *nicht* gehabt haben – und können die nicht nehmen, die sie hatten. Sie sind enttäuscht und verletzt, weil sie das Gefühl haben, von ihnen nicht gesehen, nicht geschützt, nicht geliebt worden zu sein. Sie suchen nach jener Vergangenheitsliebe, die sie *nicht* spürten, die sie *nicht* bekamen: „Ich hätte so gern einmal von dir gehört, dass du mich lieb hast, dass du stolz auf mich warst, dass ich gut genug für dich war!" Sie warten womöglich ein Leben lang auf solche Sätze ihrer Eltern.

Sie möchten wenigstens jetzt noch das von ihren Eltern hören, auf was sie damals so vergeblich warteten; wenigstens ein „Es-tut-mir-leid!" Aber nur in den seltensten Fällen hören sie es noch. So reiht sich für sie weiter Enttäuschung an Enttäuschung.

Manche klagen dann ihre Eltern (oder einen von den beiden) an: „Warum warst du nie da, warum hast du nie gesehen, wie schlecht es mir ging, wie allein ich war?!" Oder: „Wie konntest du mir das antun?!" Sie sind voller Vorwürfe, werden zu Anklägern und Verfolgern, leben fortan im Krieg mit ihren Eltern (oder einen von ihnen). Sie reden schlecht und abfällig über sie, lehnen alle Begegnungen mit ihnen ab. Und nur am Maß ihrer Verbitterung lässt sich erahnen, wie sehr sie sich eigentlich nach ihnen sehnen.

Andere haben inzwischen resigniert: „Die ändern sich nie!" „Die begreifen gar nichts!" „Die verstehen nie, wie es mir geht! Mit denen will ich nichts mehr zu tun haben! Die sind für mich gestorben!" Vielleicht haben sie versucht, mit den Eltern zu reden und stießen dabei auf eine Mauer des Unverständnisses, vielleicht auch der Abwehr, weil die Eltern sich angegriffen fühlten. Und dann bleibt allen nur der endgültige Rückzug, das Schweigen und ein ganz oberflächliches Miteinander-Umgehen.

Es gibt viele Menschen, die nicht wissen oder es nicht spüren, wohin sie gehören. Manch einem starrt ein Loch entgegen, wenn er auf seine Eltern schaut. In der bitteren Erfahrung, dass er von ihnen nichts zu erwarten hat, hat er sich von ihnen zurückgezogen. Er kann das verdrängen, aber es bleibt eine unterschwellig immer präsente, ihn immer wieder erschütternde Erfahrung. Wo er die Liebe seiner Eltern, seiner Mutter, seines Vaters gebraucht hätte, ist für ihn – nichts. Er starrt in ein *schwarzes Loch*, dessen Kälte er bis heute spürt. Sobald er hinschaut, belebt sich die alte Verletzung neu.

Vielleicht waren die häuslichen Bedingungen grausig. Vielleicht soff der Vater oder die Mutter war nicht da. Vielleicht herrschte nur Angst und Schrecken. Vielleicht wurde geschrien, bedroht, geschlagen, missbraucht und totgeschwiegen. Vielleicht tobte zwischen den Eltern Krieg.

Kindern, denen so der Halt fehlt, gerinnt ihre Verzweiflung zur Dauer-Verbitterung. Sie verklumpt zu einer bleibenden Anklage: „Ihr seid mir etwas schuldig geblieben! Ihr habt mich nicht gesehen, nicht verstanden, wie's mir ging! Ihr habt meine Hilfeschreie nicht gehört. Ihr wart nicht da, als ich euch brauchte. So oft hab ich es versucht, so oft die Arme ausgestreckt. Jetzt bin ich leer. Jetzt will ich nicht mehr! Ihr habt's versaut!" Zurück bleibt nur Groll.

Was einem, als er Kind war, widerfuhr, prägt ihn sein Leben lang. Hat er im Innern keinen Heimatort, an den er hingehört, fehlt ihm die innere Sicherheit. Und später fehlt ihm das Vertrauen, sich auf einen anderen Menschen einzulassen und sich zu binden. Es wird ihm schwer, zu bleiben und zu ankern. Er möchte gern und kriegt's nicht hin. Er wird nicht selten zum Beziehungsvagabund. Immer wieder zweifelt er an seinem Platz im Leben, und würde doch so gerne sagen: „Hier bin ich richtig! Ich brauche dich! Hier möchte ich bleiben!"

Doch hat er kein Gefühl für inneren Halt. Im Rücken, wo er seine Eltern brauchte, spürt er nur Kälte, nur Gefahr. Auch wenn es andre Menschen gab, die an die Stelle seiner Eltern traten, bleibt es ein tiefer Schmerz in seiner Seele, dass ihm die eigentlich zuständige, stimmige Verbindung vorenthalten blieb.

So groß ist dieser Schmerz, dass viele ihn aus ihrem Bewusstsein ganz verdrängen. Sie weinen denen keine Träne nach, die sie verloren – und haben doch im Herzen ein ganzes Meer von Tränen. Doch brächen ihre Dämme, könnten sie es schwer ertragen. So machen sie sich hart und brechen lieber alle Brücken ab.

Einige verwandeln ihre Verletzung und Verzweiflung in Wut und Hass und bekämpfen jene, die ihnen aus ihrer Sicht damals so viel schuldig blieben. Sie zahlen es ihnen heim – und nicht selten stellvertretend anderen, ihren Partnern, ihren Kindern, bisweilen auch Arbeitskollegen und Nachbarn, mutieren zu Menschenhassern und legen sich mit jedem an. In Streit und Hass bleiben sie so zwar immer noch in Verbindung; aber sie können nichts Gutes aus ihr ziehen.

Nicht wenige Menschen betäuben ihren inneren Schmerz durch Drogen, schütten das alte Loch der Verzweiflung mit Alkohol, Tabletten oder anderen Fluchthelfern zu. Andre werden krank, leiden am Leben, verharren in der Starre des Opfers. Vielfältig sind die Wege der Verneinung.

Wie sie's auch anstellen, es bleibt für sie, was hinter ihnen liegt, ungelöst zurück. Ihre Vergangenheit wird ihnen zum Klotz am Bein, zur nicht verheilten, nur verklebten Wunde – oder zum Tabu. Und sie benehmen sich weiter, *als säßen sie noch immer im Gefängnis ihrer Kindheit.*

das loch

nicht gesehen
nicht berührt
nicht gewollt
nicht vorhanden

gebärerin!
erzeuger!

meine hände
stochern
ausgeschrien
ins leere

niemand
findet mich
versteckt
hinter der Welt

Aber wie verstellt, wie bitter auch der Blick zurück zu den Eltern (oder einem Elternteil) für manche Menschen ist, wie viel Schlimmes sich auch angehäuft hat und wie unversöhnt die Fronten sind – *es führt*, davon bin ich überzeugt, *kein guter Weg an den Eltern vorbei.* Wenn es darum geht, was mich sicher macht, was mir Inneren Halt gibt, dann sind die Eltern die erste Adresse.

Wie aber soll das gehen? Wie kann man damit leben, wenn alle Türen zu ihnen verschlossen sind? Kann ich je ins Reine kommen mit Eltern, die mich so enttäuschten?

Wer noch im Kampf ist mit den Eltern, will davon nichts wissen. Er empfindet jede Beschäftigung mit den Eltern wie eine Aufforderung, sich nochmals zu unterwerfen. Er fühlt sofort die alte Kränkung und wird, dass er noch irgendetwas will von seinen Eltern, vehement bestreiten. Und selbst gesetzt den Fall, er bliebe weiter auf der Suche nach dem verlorenen Glück und trüge die große Sehnsucht nach der Eltern-Liebe weiter in sich – täte es ihm denn gut?

Die erste Antwort ist ein klares Nein. Wenn Menschen Zeit ihres Lebens auf der Suche sind nach ihren Eltern und das, was sie damals vermissten, irgendwie nachholen möchten, dann jagen sie einem Phantom nach. Sie möchten etwas greifen und festhalten, das längst vorübergezogen ist.

Aber das geht nicht. Die Vergangenheit lässt sich nicht revidieren. Bestenfalls können Eltern ihren Kindern heute sagen, dass sie sie liebhaben; aber das kann das Loch der Vergangenheit nicht zuschütten. Und wenn Menschen das seltene Glück haben sollten, es vielleicht später von den alten Eltern gesagt zu bekommen, mildert es ihren inneren Schmerz doch nur wenig und kann die alte Überzeugung kaum verändern: dass sie nicht gut genug sind.

Was auch immer Eltern uns nicht gaben, als wir klein waren, welche Umstände ihr Verhalten bestimmten, wie berechtigt oder unberechtigt unsre schmerzlichen Gefühle und Anklagen auch sein mögen – die einmal erfahrenen bitteren Gefühle sind nicht mehr aus unserm Leben abzutreiben oder gutzumachen. *Mit diesem Loch müssen wir leben lernen.* Als Teil meiner Vergangenheit geht es mit mir durchs Leben.

Ohne Frage ist das Gefühl, als Kind nicht oder nicht richtig, nicht ausreichend, nicht von beiden Elternteilen, gehalten und geliebt worden zu sein, eine fundamentale Beeinträchtigung und Verunsicherung des Lebens. Wie ein schwarzes Loch hat es die Tendenz und Macht, einen Menschen immer wieder in seinen Sog zu ziehen. Und solange einer auf das schaut, auf das fixiert ist, was ihm damals, als er ein Kind war, von seinen

Eltern nicht gegeben wurde, entkommt er diesem Strudel nicht.

Es *war* ja auch schlimm. Es *war* womöglich unerträglich. Nicht wenige Kinder *haben* um die Liebe ihrer Eltern oder eines Elternteils gebettelt, sie gebraucht, sie sich sehnlichst gewünscht, und haben sie nicht bekommen oder nicht gefühlt. Sie waren verzweifelt, fühlten sich allein, erlebten ihren Liebeswunsch als aussichtslos. Wie einen Alptraum, wie ein Dauer-Eingesperrtsein erfuhren manche die Jahre ihrer Kindheit oder Teile davon; vor allem diejenigen unter ihnen, die Gewalt und Missbrauch über sich ergehen lassen mussten und nichts dagegen tun konnten. Das *war* so, und dieses Trauma begleitet sie durchs Leben. Es bestimmt bis heute ihre Gefühle – vielleicht nicht immer, aber immer wieder. Als säßen sie noch immer im schwarzen Loch.

Aber eins ist sicher: *Es ist vorbei.* Heute ist der Mensch erwachsen. *Heute* ist er nicht mehr ausgeliefert und angewiesen auf das, was er von seinen Eltern bekommt. Es sind nur die inneren Nachwehen, die sich so anfühlen, als wäre es noch nicht vorbei. Aber niemand kann heute mehr Macht über ihn haben, außer er gibt sie ihm. Heute hat er Alternativen. Heute muss er sich nicht mehr verkriechen. Heute kann er selbst auf sich aufpassen, für sich sorgen. Heute kann er sich Menschen suchen, die ihm gut tun. Er kann selber lieben und sich für die Liebe anderer öffnen. Heute kann er eigene, neue, *korrigierende Erfahrungen* machen.

Er kann die Erfahrung machen, dass er sich auf andere Menschen einlassen kann; er kann feststellen: Nicht alle lassen mich im Stich. Es gibt welche, die verlässlich sind. Es gibt welche, die ihn lieben. Vielleicht braucht er dazu therapeutische Begleitung, einen verlässlichen und vertrauenswürdigen Rahmen. Aber es gibt Hoffnung. Das Alte kann seine Macht verlieren und durch Neues überschrieben werden.

Vorbei

So wund ich mich an Elternmauern stoße,
in Löcher stürze und nach Hilfe schrei,
ich greife mir das Lösungswort, das große,
das mich ins Leben ruft: Es ist vorbei!

Wer weiterhin nach rückwärts starrt, auf das, was das Leben ihm angetan hat und was die Eltern ihm schuldig blieben, bleibt auf der Strecke. Er verhärmt im Wartesaal des Lebens. Nur der Blick auf die Gegenwart kann ihn aus seinen Kinderängsten und alten Verzweiflungen erlösen.

Denn heute kann ich *mir selbst ein guter Vater, eine gute Mutter sein*, kann das verängstigte, verzweifelte Kind in mir an die Hand nehmen, kann ihm gut zureden: „Ja, es war schlimm. Aber es ist vorbei. Jetzt passe ich auf dich auf. Ich sehe dich. Ich höre dir zu. Meiner Liebe kannst du gewiss sein. Bei mir bist du richtig. Bei mir darfst du sein, wie du bist. Bei mir darfst du auch unvollkommen sein. Bei mir kannst du auch Fehler machen und verlierst mich nicht. Bei mir darfst du schwächeln. Ich schicke dich nicht weg. Ich bleibe bei dir." Es sind sehr einfache und sehr wirksame Sätze, die ich zu mir selbst spreche. Ich habe sie damals nicht gehört, wie ich sie gebraucht hätte, aber ich kann sie mir heute selber sagen.

Selbstgespräch

Du etwa ich
mein
trostloser
trotziger
Bub

Du etwa ich
meine
verschreckte
verweinte
Kleine

Jetzt
nehme ich dich
an die Hand
halte dich
fest

Hier
bist du richtig
darfst bleiben
hast deinen
Platz

Heute
schau ich dich an
höre dir zu
nehme mir Zeit
für dich

Etwa ich
oder du
wir zwei
bleiben nun
unzertrennt

Dieses liebevolle Selbstgespräch mit dem Kind in mir brauche ich immer wieder. In der Psychologie bezeichnet man das als *Innere-Kind-Arbeit*. Das Gespräch mit meinem Inneren Kind kann die dunklen Geister der Vergangenheit nicht vertreiben, aber es kann ihnen – nach und nach –

ihre Schrecken nehmen. Allerdings reicht es nicht, nur einmal die Erkenntnis zu haben, dass die Vergangenheit vorbei ist; in meinen Gefühlen ist sie oft genug präsent und quicklebendig, raubt mir den Lebensmut und bremst mich aus. Deshalb muss ich dieses innere Gespräch immer wieder führen, andauernd. Immer wieder brauche ich diese guten Sätze, die mich stützen. Heute. Im Hier und Jetzt.

Es gehören viele Selbstgespräche dazu, die alten Sehnsüchte zu entlarven, und noch mehr, sie anzunehmen, sie freundlich an die Hand zu nehmen, sie in die Gegenwart zu führen. Manchmal sind viele Therapiestunden dazu nötig, bis sie ihre rigide und destruktive Macht verlieren, bis jemand lernt, der neuen Einsicht zu vertrauen, dass das Leben weitergeht und barmherzig ist.

Indem ich das Trauma der Vergangenheit – und zwar immer wieder – an jenen Ort zurückschicke, wo es entstand, indem ich mir sagen kann: „Es ist vorbei!", indem ich die alten Gefühle nicht hineinhole in meine Gegenwart, als wäre ich noch hilflos wie damals, als könnte ich nichts tun, indem ich mich darauf besinne, dass ich *heute* lebe, können die Geister der Vergangenheit ihre alte Macht verlieren. Mein Schmerz kann abfließen.

Gewiss, bisweilen flaut er plötzlich mächtig auf, bei einem Wort, das sich an alte Verletzungen knüpft, bei einer Begegnung mit den Eltern; dann kann es sein, dass mich die alten Bitterkeiten erneut mit ganzer Wucht erfassen, dass ich von jenen schlimm-vertrauten Gefühlen überschwemmt werde und in alter Weise reagiere. Dann brauche ich ganz sicher Menschen, bei denen ich Verständnis finde und mich ausweinen kann. Dann brauche ich Abstand, um mich wieder zu sortieren.

Der Abstand lindert. Er hilft mir, aus den kindlichen Gefühlen in meine Erwachsenenwelt zurückzukehren. Sehe ich nur auf das, was mir damals widerfuhr oder fehlte, nimmt mich der eigne Schmerz gefangen und macht mich blind. Dann bleibe ich in meinem Loch stecken. Nehme ich Abstand, weitet sich der Blick und sieht mehr.

Vielleicht kann ich sogar später, mit Abstand, verstehen, warum sich meine Eltern damals so verhielten. Die allermeisten Eltern wollen eigentlich das Beste für ihre Kinder. Aber sie werden ihren Ansprüchen aus vielerlei Gründen nicht gerecht. Sie sind selber Kinder gewesen, haben selber ihre Verletzungen, Ängste und Beschränkungen mit ins Leben genommen, haben Lebensbedingungen erfahren, die sie nur schlecht und recht bewältigt haben. Vielleicht kann ich ihre eigenen Verletztheiten nachfühlen und erkennen, dass es nicht mangelnde Liebe zu mir war, die sie so handeln ließ. Vielleicht werde ich dann milder in meinem Urteil über sie. Vielleicht kann ich mich mit ihnen innerlich versöhnen.

Nicht dass meine Verletzung und meine Kränkung kleiner würden, wenn ich auch die Kränkungen meiner Eltern betrachte. Aber mein Blick kann an Härte verlieren. Wir können vielleicht sogar zusammen weinen. Und ich kann mir eingestehen: Ich bin nicht besser als sie. Denn auch mir selbst geht's, wenn ich Kinder habe, oft nicht besser. Ich gebe mir Mühe, will ein guter Elternteil sein – und werde dem oft nicht gerecht.

Vielleicht brauche ich dann nicht mehr gegen sie zu kämpfen. Und vielleicht kann ich dann auch die immer wieder aufkommenden kindlichen Mangelgefühle in mir, die Zweifel, ob ich geliebt wurde, ob ich es überhaupt wert bin, geliebt zu werden, etwas beruhigen. Ich kann mir selber gut zureden, als ein Erwachsener, der wie eine Mutter, ein Vater mit seinem inneren Kind redet.

Aber es bleibt die Wahrheit: nur selten wird ein Mensch wirklich frei von seinen alten Defizitgefühlen. Sie schlummern stets unter der Decke. Wir müssen lernen, sie anzuerkennen und ihnen so ihre destruktive Kraft nehmen.

Der innere Widerstand

Die zweite große Lebens-Bremse ist mein innerer Widerstand. Vielen Menschen ist er bestens vertraut, sie verfluchen ihn, vertuschen ihn, resignieren vor ihm. Nur wenige verstehen ihn.

Ich weiß (oder ahne wenigstens), was ich tun müsste – *aber ich tu's nicht.* Ich verliere mich selbst. Ich bin mein eigener Saboteur. Ich habe große Pläne, beste Vorsätze, überzeugende Konzepte, die mich begeistern und beflügeln. Ich könnte Bäume ausreißen und die Welt verändern. Und dann dauert es nicht lang und mir zerbröseln die großen Gedanken unter den Fingern, verlieren alle Strahlkraft, fühlen sich nur noch fad an. Ich spüre, wie ich mit mir selbst im Kampf bin. Etwas nimmt mir die Kraft. In mir steckt eine unerklärliche Unlust und Widerspenstigkeit, die mir Sand ins Getriebe wirft, die meinen Antrieb erdrosselt.

Fast jeder Mensch besitzt solche inneren Widerstände. Den meisten ist das vollkommen rätselhaft. Der Mensch spürt sie überdeutlich, sie boykottieren sein Verhalten, lassen die schönsten Einsichten und Ideen zur Makulatur werden. Aber er versteht sich selbst nicht.

Wilhelm Busch kalauert darüber:

Ach der Tugend schöne Werke,
gerne möcht ich sie erwischen.
Doch ich merke, doch ich merke,
immer kommt mir was dazwischen.

Warum tue ich nicht, was ich eigentlich will? Warum fehlt mir der Antrieb, warum geht mir die Puste aus – obwohl ich überzeugt bin, dass ich es will, dass es gut wäre, es zu tun? Warum kann ich mich nicht aufraffen zu dem, was ich doch unbedingt erledigen möchte? Warum lenke ich mich ab mit tausend Unwichtigkeiten? Warum vertändele ich meine Zeit? Warum schiebe ich meine Aufgaben vor mir her bis zum letzten Moment? Warum komme ich immer zu spät? Warum verschussele ich meine Termine? Warum halte ich Versprechen nicht ein? Warum finde ich abends zu spät ins Bett und morgens nicht hinaus? Warum bin ich voller Unlust, voller Abwehr gegen etwas, das ich mir selbst fest vornahm? Warum werde ich den Ansprüchen nicht gerecht, die ich an mich habe? Ich verstehe mich selbst nicht.

Manche Menschen übergehen ihre Selbstzweifel, leugnen sie, träumen sich weg in angenehmere Gefühle. Mit einer Ich-bin-immer-gutdrauf-Haltung oder einer Das-ist-mir-doch-egal-Einstellung überspielen sie ihre Unzulänglichkeiten. Doch die meisten Menschen schämen sich, dass sie ihr Leben so wenig auf die Reihe kriegen, dass sie sich immer wieder selbst ausmanövrieren. Und es ist ihre größte Sorge, dass andere nichts davon mitbekommen und ob sie nach außen hin intakt erscheinen.

Dieser Widerspruch zwischen dem, was ich sein will und dem, was ich bin, ist nicht leicht auszuhalten. So willensschwach, so inkonsequent zu sein, so an sich selbst zu scheitern, schreit nach entlastenden Erklärungen; am besten nach äußerlichen Gründen. Vielfältig und einfallsreich sind die Entschuldigungen, mit denen jemand versucht, sein Fehlverhalten zu kaschieren, kleinzureden oder zu rechtfertigen.

So schieben einige ihr Versagen etwa auf die Frühjahrsmüdigkeit, auf das miese Wetter, auf den Vollmond, auf den Pollenflug, auf eine angehende Erkältung, auf Belastungen, die sie gerade durchzustehen haben oder einfach auf das, was sie gestern aßen. Manche reden sich ein: „Ich konnte nicht" „Ich war zu schwach", "Ich war krank", „Mir ging's so dreckig". Sie versacken in Unwohlsein und Depression und machen die Folge zur Ursache. Oder sie wälzen ihr Problem auf andere ab, den Partner, die Kollegen, die sie angeblich daran hindern, sich zu entfalten: „Wenn du nicht wärst, hätte ich längst...!"

Andere stürzen sich umgekehrt in die tägliche Arbeit, in Aufgaben und Pflichten und alle möglichen Aktivitäten, die ihnen die Rechtfertigung liefern, das aufzuschieben oder liegenzulassen, was getan werden müsste, und ihnen keinen Spielraum lassen zum Innehalten. Manche ersäufen und vernebeln ihr Scheitergefühl in Süchten, betäuben ihre Unlust mit Alkohol, Fernsehen, Fußball oder was auch immer.

Es ist leichter auszuhalten, sich als Opfer der Verhältnisse zu verstehen als der Einsicht ins Auge zu schauen: Ich wollte, müsste und könnte, aber ich tue es nicht; oder, wie es Paulus im Römerbrief klassisch formuliert: „Das Wollen ist bei mir schon da, aber ich bekomme es nicht hin, das Gute auch in die Tat umzusetzen" (Rö 7,18).

„Jahrelang habe ich Therapie gemacht, und nichts hat sich verändert!", klagen manche, „Ich bin es so leid! Immer lande ich in den gleichen Unzulänglichkeiten. Ich mache Pläne, gehe mit guten Vorsätzen in den Tag, die Woche, das neue Jahr – um bald darauf im alten Sumpf zu kleben."

Warum in aller Welt ist das so? Was blockiert mich da auf hinterlistig-infame Weise, unterläuft meine guten Absichten, raubt mir meinen Lebensmut?

Zunächst einmal ist klar: Was mich lähmt, ist offensichtlich ein innerer *Konflikt zwischen* dem, was richtig wäre, was ich tun müsste, sollte, was ich auch tun wollte, und dem, was ich tun möchte, was ich tatsächlich tue, also zwischen *Anspruch und Lust.* Der Anspruch spricht zu mir in Gestalt meines Gewissens, die Lust beschreibt das Maß meiner Bereitschaft mitzumachen. Etwas in mir wehrt sich gegen das Sollen und Wollen und sabotiert meine Mitarbeit.

Das Sollen und Wollen, die inneren Instanzen, denen wir gerecht werden müssen, haben eine lange Entstehungsgeschichte. Den meisten ist sie nicht bewusst.

Das Leben begegnet uns zuerst im Gegenüber zu unsern Eltern. In Resonanz mit ihnen spüren wir, ob wir so sind, wie sie uns haben möchten, und was wir tun müssen, um uns ihre Liebe zu sichern. Wir spüren es. Es muss uns nicht gesagt werden. Wir merken, wann wir ihnen gerecht werden und wann wir nicht so sind, wie wir sein sollen. Wir spüren, wenn die Eltern – oder auch einer von ihnen – uns gern anders hätten: zum Beispiel weniger laut, weniger fordernd, weniger anstrengend, dafür fröhlich, aufgeweckt, aufmerksam und vorzeigbar.

Längst ehe wir es sagen könnten, gewinnen wir unsere inneren Überzeugungen, *inneren Einstellungen und Glaubenssätze*: „Ich bin ein gutes

Kind. Mama und Papa haben mich lieb. Ich darf so sein wie ich bin." Oder eben auch anders: „Ich bin nicht so, wie ich sein müsste! Mama und Papa sind nicht zufrieden mit mir. Ich bin nichts wert! Ich bin kein gutes Kind! Ich bin ihrer Liebe nicht wert!"

Jede Verunsicherung erhöht unsere Anstrengungen; und zwar so lange, wie wir noch Aussicht haben, gesehen und geliebt zu werden.

Manchmal bekommen wir von unseren Eltern widersprüchliche Signale; mal ist es gut, was wir tun, mal gefällt es ihnen nicht. Eltern äußern Ansprüche an ihre Kinder unterschiedlich, offen und heimlich, bewusst und nicht bewusst – und können sich darin manchmal widersprechen.

Oder der eine von beiden sagt dies, der andere das. Und wir wissen nicht, woran wir uns halten können. Oder sie loben uns, aber wir spüren: das Lob ist bemüht. Es kommt nicht von Herzen. Wir spüren es und denken: „Vielleicht sagen meine Eltern, dass sie mich lieb haben, aber in Wirklichkeit wünschen sie sich, dass ich anders wäre."

Fortwährend ist das ein inneres und kompliziertes, gleichwohl lebenswichtiges Thema für Kinder: *Wie mache ich es ihnen recht?* Dabei geht es nicht nur um das, was uns offen gesagt wird.

Dass Eltern Erwartungen an ihre Kinder haben, muss so sein. Sie erwarten – und das wird in der Regel nicht offen ausgesprochen, es ist ihnen selbst oft gar nicht bewusst – auch das von ihren Kindern, was sie selbst nicht hinbekamen. Die Kinder sollen das erreichen, was sie selbst nicht schafften: gute Zeugnisse nach Hause bringen, Abitur machen, studieren, ein besonderer Sportler werden, Klavierspielen können, eine tolle Partie machen, sich beruflich hervortun und so fort. Dabei hat das nicht Ausgesprochene gegenüber dem offen Gesagten die größere Relevanz.

Offene Anforderungen und unausgesprochene Erwartungen bilden ein Gemisch elterlicher Vorgaben an ihre Kinder. Zu ihnen gesellen sich je nachdem auch noch die der Geschwister, der Verwandtschaft, der Schule oder anderer Autoritäten. Sie alle bilden jene Gemengelage an Lebensaufgaben und Soll-Botschaften, die jedes Kind in seinem Entwicklungsprozess wie ein Schlagschatten begleiten.

Das Sollen, repräsentiert durch das Gewissen, besteht also vor allem aus jenen oft nur schwer identifizierbaren Überzeugungen, die wir aus unserer Kindheit als Gesamtheit der an uns gestellten Erwartungen und Vorschriften aufgenommen, verinnerlicht und abgespeichert haben. Größtenteils vermitteln sie sich uns unbewusst. Ihre Befolgung sichert uns das Wohlwollen unserer Umwelt, vor allem zunächst unserer Eltern. Verstoßen wir gegen ihre Erwartungen, steht unsere Zugehörigkeit auf dem Spiel.

Sind wir Kinder, haben wir keine Alternative dazu. Vielmehr steckt eine grundlegende Angst in jedem Menschen, die Liebe derer zu verlieren, von denen er abhängig ist. Es ist eine tiefe, bisweilen panische Kinderangst. Sie macht uns anpassungsbereit und gefügig.

Ist sich einer der elterlichen Zustimmung nicht gewiss und spürt er, dass er, trotz aller Anstrengung, es seinen Eltern nicht recht machen kann, zieht es ihm den Boden unter den Füßen fort. Das kann so weit gehen, dass er glaubt, kein Lebensrecht mehr zu besitzen. Davon war im vorigen Kapitel schon die Rede. Mancher wird sein Leben lang von der inneren Überzeugung gebeutelt, dass, was er auch tue, nicht ausreichend ist: „Ich bin nicht gut genug, so sehr ich mich auch anstrenge. Ich bin nicht liebenswert."

Deshalb strengt er sich an und *tut, was er tun soll*. Immer ist er in der Unsicherheit, ob das, was er tut, auch hinreicht, immer muss er Erwartungen nachkommen, Vorgaben erfüllen, ist immer unter Druck. Er wird von außen gelenkt, seine Aufmerksamkeit ist im Außen. Er ist es umso mehr, je größer seine Verunsicherung ist, geliebt zu sein.

Dem, was er selber fühlt und will, kann er nur eingeschränkt nachkommen. Manchmal wird er von dem, was er tun muss, so bestimmt, dass er sich selbst gar nicht mehr spürt. Eigene Wünsche, eigene Bedürfnisse, eigene Empfindungen rücken in den Hintergrund, werden nur noch schwach oder gar nicht mehr gefühlt. Sie sacken quasi ab ins nicht Bewusste.

Natürlich hat er solche Bedürfnisse einmal gehabt und höchst energisch ausgedrückt. Er hat geschrien, wenn etwas nicht stimmte – als er ein Säugling war. Manche erinnern sich noch (oder es wurde ihnen erzählt), dass sie „ein lebhaftes Kind" oder „ziemlich aufsässig" waren.

Was da an Selbstbehauptungsdrang und Eigensinn zu Tage trat, ist jedem angeboren. Doch manche werden schon sehr früh ausgebremst; bisweilen schon in ihren ersten Lebenstagen. So hieß es früher sogar in Lehrbüchern, man solle Kinder schreien lassen, das gäbe sich nach ein paar Tagen. Natürlich gibt es sich. Das Kind lernt, dass der eigene Wille zu nichts führt.

Eltern geraten unter Druck, wenn ihre Kinder schreien. Sie haben lieber ruhige Kinder. Eltern mögen aufsässige Kinder nicht. Je nachdem unterbinden sie es grob, handgreiflich und laut oder durch Verbote und Sanktionen oder immer neues Erklären und Einreden auf das Kind oder subtil durch Liebesentzug – oder auf tausend andere Weisen.

In jedem Falle lernt das Kind: Ich muss mich nach der Decke strecken, die mir die Eltern spannen. *Ich darf nicht, wie ich will. Sondern ich muss, was ich soll.* Ich kann nicht tun, was ich möchte.

Aber diese Beschneidung des Eigensinns geschieht von Anfang an nicht bruchlos. Ein schreiender Säugling drückt aus, dass etwas nicht stimmt, er gibt auf seine Weise zu erkennen, dass zwischen dem, was er erfährt, und dem, was er braucht, ein Unterschied ist. Später zeigt das Kleinkind, wenn es trotzig „nein" schreit, auf seine Weise an, dass Eltern-Sollen und eigenes Wollen auseinanderklaffen. Noch später macht der pubertierende, freche und aufsässige Jugendliche wiederum auf seine Weise unübersehbar, dass der Eltern- oder Lehrerwunsch (bzw. ganz allgemein das, was Autoritäten von ihm verlangen) mit seinem Eigenwillen nicht identisch ist.

So entsteht jener Widerspruch zwischen eigenem Wollen und fremdem Sollen, der uns von Anfang an begleitet. Das ist ein höchst ambivalentes Gefühl. Denn in der Regel ist das meiste von dem, was die Eltern (und auch andere Autoritäten) von uns erwarten, gut gemeint und unserm Leben sehr zuträglich, angemessen, ja überlebenswichtig. Wir übernehmen es nicht nur aus Zwang, um uns die Zugehörigkeit zu sichern, sondern auch aus Einsicht, dass es uns guttut.

Über weite Strecken unserer Kindheit üben wir es ein, das eigene Wollen dem fremden Sollen unterzuordnen. Wir sind darauf angewiesen. Im Verlaufe dieses langen Prozesses wandelt sich das fremde Sollen in ein höheres eigenes Wollen, in das eigene *Gewissen,* jene Instanz in uns, die an die Stelle der verinnerlichten Elternerwartungen tritt – aber *es bleibt ein verkapptes Fremdes.*

Die elterlichen Erwartungen, wie sie sich im Gewissen verdichten, begleiten uns ein Leben lang. Sie können Menschen die Luft zum Atmen nehmen und das Leben zur Qual machen. Wie Mehltau können sie sich über ihre Lebenskraft und Lebenslust legen. Als innere Glaubensätze, unbedingte Überzeugungen und fertige Urteile sind sie wenig beweglich. Ein Leben lang sind wir dabei sie zu erfüllen, arbeiten uns an ihnen ab.

Sie formulieren die Maßstäbe für unsere Handlungen, bilden das Leitgerüst unseres Verhaltens. Und zugleich legen sie uns innerliche Lasten auf, fordern von uns, bestimmte Leistungen zu erbringen, uns immer anzustrengen, geben uns das Gefühl, etwas schuldig zu sein. Zwanghaft können sie Menschen zu Höchstleistungen treiben und alles verdrängen und verleugnen lassen, was ihren inneren Ansprüchen nicht zu entsprechen scheint.

In dem Maße, wie wir größer werden und uns selbst regulieren lernen, sind wir eigentlich nicht mehr abhängig von den elterlichen (oder sonstigen) Autoritäten. Aber dann ist der Anspruch der Eltern längst zu unserm eigenen geworden, hat sich verfestigt zu einer eigenen *inneren Instanz,* zu einem Moralwächter, Kritiker,

Zensor, zu einem *Antreiber*, den wir in uns selbst tragen.

Jetzt ist es unser Gewissen, unser innerer Antreiber, der uns sagt: „Du solltest, müsstest dies und jenes tun. Sonst wirst du deinen Ansprüchen nicht gerecht. Also beweg dich! Es genügt nicht, was du tust!" Wenn er jetzt dagegen aufbegehrt, sabotiert er sich selbst. Der innere Antreiber lässt ihm keinen Spielraum.

Aber er will nicht immer. Er spürt es nur noch indirekt, als Unlust, als unerklärliche Trägheit.

Die Vorstellung, die Erfahrung, nicht zu genügen, ist für einen Menschen in dem Maße schwerwiegender und folgenreicher, wie einer besonders hohe Maßstäbe an sich legt. Und umgekehrt: Je höher die Maßstäbe, desto eher kann er an ihnen scheitern. Und je höher die Maßstäbe seines inneren Sollens, desto größer ist meist auch der innere Widerstand, der sich gegen sie wehrt.

Je unnachgiebiger einer die eigenen Fehler anstreicht, je rigider einer seinen inneren Zeigefinger aufstreckt, desto größer die Wahrscheinlichkeit, dass er an seiner Unzulänglichkeit scheitert. Desto mehr steht er in der Gefahr, den Mut zu verlieren, auf das zu starren, was er nicht kann, was er nicht hinbekommt, was er nicht ist und hat. Und desto unerbittlicher und unbarmherziger wird er zugleich auf die Fehler der anderen zeigen.

Der innere Antreiber in uns will uns solche Ungenauigkeiten nicht durchgehen lassen. Er ist ein rigider Staatsanwalt im Lande unserer Seele. Als Big Brother tragen wir ihn immer bei uns, er „sieht alles", wohin wir auch flüchten. Er lässt sich nicht überlisten, hält uns unbarmherzig sein Du-bist-nicht-genug vor.

An dieser inneren Spaltung reiben sich viele Menschen auf. Das macht aber den Kritiker in uns nur stärker und unerbittlicher. Höhnisch flüstert er mir zu: „Siehst du? Du kannst es nicht! Du schaffst es nicht! Du strengst dich nicht genug an!" Und ich schließe daraus: „Ich bin zu schwach. Ich bin voller Fehler. Es lohnt sich nicht. Ich bekomme es nie hin. Ich bin nicht gut genug für das Leben."

Es streiten zwei Seelen in meiner Brust. Sie stehen sich als mein Antreiber-Wollen (und ursprünglich jenes Sollen, das mir Eltern und Autoritäten auferlegten) und mein Unlust-Wollen (als mein Widerspruch gegen das Sollen) gegenüber. Dabei besitzt mein Widerspruch gegen das, was ich soll und will, erst einmal schlechte Karten. Mein Gewissen führt das große Wort. Aber ich trickse es aus, indem ich einfach keinen Antrieb entwickle, ihm zu folgen. Ich bremse mich selber aus.

Etwa so, dass ich hinter meinen und anderen Erwartungen zurückbleibe, dass ich zum Beispiel schlechte Noten nach Hause bringe, lieber am PC sitze als Hausaufgaben zu machen, dass ich die Schule nicht schaffe, die Ausbildung schmeiße, im Beruf nichts zuwege bringe. Oder so, dass ich nicht in Gang komme, keinen Antrieb habe, Notwendiges schleifen lasse, mich mit Unwichtigem ablenke, mich verzettele, nichts auf die Reihe bekomme. Oder so, dass ich mich äußerlich scheinbar anstrenge, aber innerlich nicht bei der Sache bin, dass ich mich wegträume. Und es gibt tausend andere Formen, wie ich mich selbst mattsetzen kann.

Was mich da innerlich zerreißt, ist der unerlaubte, nur versteckt sich äußernde Widerspruch meines verschollenen, ursprünglichen Wollens gegen das, was ich tun *soll*, was andere von mir wollten oder wollen. Anders gesagt: Der Widerstand in mir ist der Rest meines kindlichen Protestes gegen die Unterwerfung meiner eigenen Wünsche unter den Willen eines anderen. Insofern zeigt der *Widerstand* einen *Dissens zwischen fremdem Sollen und eigenem Wollen* an.

Der Widerstand in mir verteidigt meine Würde. Er protestiert. Er speichert meinen Ärger, meine Wut, die ich, als ich klein war, so nicht zeigen konnte. Der Widerstand ist ein verkapptes Nein gegen die Fremdbestimmung. Er achtet darauf, dass ich mich nicht verliere, er verteidigt mein Selbst – obgleich er aussieht wie ein Saboteur. Deshalb sollte ich ihm dankbar sein, ihn nicht einfach abschütteln wollen wie ein mich stechendes, lästiges Insekt. Vielmehr stellt er mich vor die Frage: Was willst du selbst?

Der Widerstand verteidigt mein Selbst gegen die inneren Antreiber, gegen die Du-musst-Sätze. Es ist ein versteckter Widerstand, weil ich den offenen nicht wage. Er speichert meinen Protest: Ich will es selber machen, will es selbst bestimmen! Wie viel ich will, wie viel ich kann, was ich mag und was nicht, wie lange ich für etwas brauche und warum ich es tue: Das ist alles meine Sache! Das will ich selbst entscheiden!

Der Widerstand lodert in Menschen immer dann auf, wenn sie spüren, dass andere, etwa die Eltern oder der Partner oder die Vorgesetzten oder die Freunde oder wer weiß wer Erwartungen an ihn haben, wenn andere ihm Druck machen, wenn sie ihm Aufträge erteilen, wenn er von ihnen eingespannt wird.

Der Widerstand meldet sich in ihm in jener kindlichen Gestalt, mit jenem kindlichen Repertoire, wie es ihm zur Verfügung stand, als er klein war: in allen möglichen Formen des Rückzugs und Sich-Versteckens, der Täuschung, der Lüge, der Ablenkung und manchmal auch des Protestes usw. Auf den Erwachsenen wirkt der Widerstand befremdlich unpassend.

Im Laufe des Lebens kann er sehr unterschiedliche Gestalt annehmen: von lähmender Antriebsschwäche bis zu völligem Abtauchen, von Hyperaktivität bis zu tiefer Depression, von Aufschieberitis bis zum Verzetteln im Unwichtigen, von Erschöpfungsgefühlen bis zu chronischen Krankheiten. Er wirkt wie eine versteckte, unbegreifliche, aber äußerst wirksame Bremse. Welche Form der einzelne auch findet, sich auszubremsen: immer steckt ein Widerstand dahinter, der so lange rätselhaft bleibt, wie ich seine Botschaft, das, was er mir eigentlich über mich mitteilen will, nicht höre.

Die meisten Menschen schämen sich für ihre Widerstände. Sie betrachten sie als Charakterschwäche, als unanständig, als auf keinen Fall vorzeigbar. Wenn einer, statt sich an seine Arbeit zu begeben, im Bett abhängt, sich zukifft und besäuft, wenn einer nichts hinbekommt, immer zu spät kommt, wenn einer seine Termine nicht einhält, unverlässlich ist, dann kann er sich selbst nicht leiden, und oft ist ihm keine Ausrede, keine Lüge zu albern, es zu vertuschen.

Erst wenn einer den von seinem Gewissen als ärgerlich, peinlich und unangemessen abgewerteten Widerstand zu würdigen beginnt, hat er eine Chance, seine gequälte Botschaft zu hören und jener Seite in sich Gehör zu verschaffen, die nicht sein darf und nicht zum Zuge kommt. Erst dann kann er sich fragen: Wonach schreit denn mein Inneres? Was fehlt mir eigentlich? Was ist auf der Strecke geblieben in meinem Leben? Und was brauche ich stattdessen? *Was will denn ich*? Was ist mein Eigenes, für das ich selbst einstehe?

Es sind, das ist vor allem deutlich, die *Du-sollst- und Du-musst-Sätze*, die die Dominanz in Menschen haben, die sie strangulieren; und die ihren Widerstand hervorrufen. Weil sie ihnen aber zugleich rechtgeben, weil sie jene Sätze, obwohl widerstrebend, zu ihren eigenen gemacht haben, brauchen sie indirekte Wege, ihnen zu widersprechen. Denn letztlich sind es nicht die eigenen Entscheidungen, denen sie folgen, es sind übernommene. Es ist nicht das eigene Selbst, das sich in ihnen äußert.

Solange einer noch innerlich im Kampf ist gegen die Erwartungen seiner Eltern oder anderer Autoritäten, kann er seinen Widerstand nicht loslassen – auch wenn er ihm gar nicht gut tut, auch wenn er ihn daran hindert, das zu tun, was er möchte. Spürt er zum Beispiel die Erwartung des Vaters, der sich wünscht, dass etwas Großes aus ihm wird, dann repräsentiert sein Widerstand vielleicht das Aufbäumen gegen den inneren Zugriff seines Vaters auf ihn, und er braucht seinen Protest, um sich auf versteckte Weise zu erwehren. Seine Kraft geht in die Abwehr. Selbst wenn er dafür seine eigenen Fähigkeiten, Großes zu tun, opfert.

Steckt noch ein Widerstand in ihm ist, sabotiert er sich auf irgendeine versteckte Weise selber. Dann befindet er sich noch im Protest gegen das, was andere ihm zu tun auftrugen und auftragen. Dann ist er noch nicht bei sich selbst. Dann ist er noch auf Abwehr gepolt. Dann ist, wenn er nur hinhören wollte, die Botschaft seines Widerstands: Jetzt halt doch endlich einmal still! Jetzt fühl doch erst einmal in dich hinein, ob du das, was du tust, auch willst, ob es dein Eigenes ist!

Gewiss, der Mensch kann nicht immer, wie er will. Er muss auch Dinge erledigen, die er ungern tut; die Wohnung aufräumen vielleicht, die Toilette putzen, das Treppenhaus reinigen; oder bestimmte berufliche Aufgaben erledigen, oder private Kontakte halten und so fort. Aber es macht einen entscheidenden Unterschied, ob er das, was er tut, als fremdbestimmt erlebt oder als notwendige Begleiterscheinungen dessen, was er selber will. Was er braucht, damit er zu sich selbst kommt, damit er seinen eigenen Anrieben folgen kann, sind *Du-darfst-* und *Du-kannst-Sätze*.

Stimmt er dem, was er zu tun hat, nicht zu, dann weist ihn sein Widerstand darauf hin. Dann lässt er sich noch immer von dem bestimmen und definieren, was ihm vorgegeben wurde. Dann trifft er nicht selbst die Entscheidungen, sondern wird von ihnen getroffen.

Solange sein eigentliches Selbst nicht zustimmt, wird ihn sein Widerstand auf seine indirekte Weise austricksen und lahmlegen. Hört er aber hin, dann fängt er an zu fragen: Was ist mein Eigenes? Wer bin ich, will ich sein? Was brauche ich *eigentlich*?

wer ich nicht bin

ich bin
bins nicht
nicht der ich bin

ich bin
ein widerhall ein wechselspiel
ich bin und nicht

ich bin
was ich im spiegel seh
bins aber nicht

ich bin das
was ich tu
das bin ich nicht

ich bin
der plan von mir
bin nichts gar nichts

ich bin
so viele
bin ich nicht

So lange haben viele Menschen auf andere geschaut, sich vornehmlich von ihren Eltern, später auch von anderen sagen lassen, was sie denken, fühlen, tun und lassen sollen, dass es ihnen schwer fällt zu fühlen und zu sagen, *wer sie selber sind.* Nur verschlüsselt, nur durch die widerspenstige Resonanz ihrer Unlust können sie eine Ahnung bekommen, dass sie nicht mit sich übereinstimmen. Nur ihr Körper wehrt sich gegen die gefühlte Bevormundung. Ihr Bewusstsein tut sich schwer, das eigne Selbst zu orten.

Das Eigene zu finden, ist ohne Frage eine andauernde Lebensaufgabe, an der nicht wenige Menschen konsequent scheitern. Sie haben es nicht gelernt. Sie waren, wie jeder Mensch, von Anfang an darauf angewiesen, gesagt zu bekommen, was sie tun und denken und fühlen sollen, und haben es auch dann beibehalten, als sie längst auf eigenen Füßen standen. Wenn Mama sagt, es ist zu kalt, du frierst, du musst was Warmes anziehen, dann wird das eigene Fühlen belanglos. Und später fühle ich nichts mehr.

Es ist deshalb zumeist *ein Akt des Ungehorsams*, selbst zu fühlen. Und ein noch größerer, ihm Nachdruck zu verleihen, das Eigene zu wollen und zu fordern: Ich ziehe an, was *ich* für richtig halte. Wer es nicht wagt, aufsässig zu sein, wird nicht erwachsen. Er passt sich nach außen an und geht in den inneren Widerstand. Der bremst ihn eines Tages aus.

Die *Du-sollst- und Du-musst-Sätze* der Kindheit erfahren im Zuge der Aufsässigkeit eine Umwandlung in *Ich-kann-, Ich-darf- und Ich-will-Sätze*. Mein Selbst kann nur dort entstehen und gedeihen, wo es sich Raum schafft gegenüber den Erwartungen, die es umstellen. Sonst sinkt es ab und meldet sich versteckt im Widerstand.

Aber diese Aufsässigkeit ist nur der erste Schritt. Verschwinde ich nicht mehr hinter Mamas Vorgaben, gerate ich selbst in die Frontlinie. Jetzt muss ich selbst entscheiden und für alles gerade stehen, was ich tue. In dem Maße, wie ich mich noch hinter dem verstecke, was andere mir vorgeben, wird mein Widerstand sich melden. Erst wenn ich zustimme, wenn ich ja sage zu dem, was ich tue oder lasse, wenn ich auch die Konsequenzen, die sich daraus ergeben, übernehme, wird mich mein Widerstand in Ruhe lassen. Vielleicht dümpelt er immer noch einmal nach, als müsste ich mich noch der alten Ansprüche erwehren. Aber ich brauche ihn nicht mehr. Ich entscheide selbst, was und wann und wie viel und in welchem Tempo und mit welchen Pausen ich etwas tue.

Mein Selbst benötigt, damit Wollen und Tun in Einklang kommen, *die eigene Entscheidung*, die eigene Oberherrschaft, die unbedingte – und fröhliche – Zustimmung zu meinem Leben.

Ich kann nicht immer wissen, wer ich bin und was im Augenblick mein Eignes ist. Ich weiß, ob etwas richtig ist, ob es sich einpasst und bewährt, oft erst im Nachhinein. Doch finde ich die Hoheit über mich, indem ich mich entscheide. Ich wähle aus dem Wust des Möglichen das eine, das ich tue. *So wird es meins.* Und ich übernehme für das, was daraus entsteht, die Verantwortung. Ich trage die Folgen.

Entscheiden bedeutet: Ich sage ja zum einen, nein zum anderen. Nein zu sagen fällt vielen Menschen schwer. Sie sagen nicht nein, sie sagen aber auch nicht ja; sie bleiben unentschieden in der Schwebe. Sie müssen wissen: Wer nicht ja sagt, sagt nein. Nur indirekt. So empfinden wir es in Beziehungen. Aber das nicht offen gesprochene Nein entzieht uns Kraft. Nur das, zu dem ich stehe, macht mich stark. Für den, der nicht entscheidet, entscheiden andere. Je länger einer sich nicht entscheidet, desto schwächer macht es ihn. Desto mehr versackt er im inneren Widerstand.

Mein Eigenes zu finden gelingt am leichtesten, je weniger Druck auf mir liegt. Und umgekehrt: Je mehr ich mein Eigenes finde, desto weniger Druck liegt auf mir. Es ist eine Wechselwirkung. Und der Schlüssel dazu ist, dass ich mich entscheide. Entscheidungen schaffen Luft. Entscheidungen sind Befreiungsakte für das Leben.

Entscheiden bedeutet: *ins Handeln kommen*. Heraus aus dem lähmenden Nebeldunst des Aufschiebens, des Wartens, des Unklaren! Hinein ins Helle, in die frische Luft der Bewegung!

Damit ich mich entscheiden kann, brauche ich Mut. Manchmal kann sich einer nur schwer, mit Angst und Zittern und Zagen, entscheiden, weil die Nebenwirkungen unangenehm sind. Manchmal lassen ihn fifty-fifty-Situationen lange schwanken. Dann möchte er vielleicht, dass andere, der Partner, der Vorgesetzte, die Zeit – und innerlich die Eltern – für ihn entscheiden. Aber besser eine falsche Entscheidung als keine! Sonst rauscht das Leben an ihm vorbei.

Wenn Menschen sich entscheiden, dann ist das die menschengerechte Weise, *das Mögliche zu tun*. Sich nach vorn zu bewegen wie das Leben insgesamt. Tiere und Pflanzen überlassen sich dem Möglichen; Menschen entscheiden.

Nicht entscheiden heißt stagnieren, heißt, das Potential, das in mir steckt, runterfahren, einfrieren, einschrumpeln. Wagt der Mensch nicht, sich zu entscheiden, sitzt er in seiner alten Falle. Er tut nicht, was er will; er folgt dem, was er soll. Dann meldet ihm sein Widerstand, dass er nicht bei sich ist. Nicht getroffene Entscheidungen bremsen ihn aus. Getroffene Entscheidungen machen ihn frei.

Will jemand die Botschaft seines Widerstands hören, dann lautet sie: Steig in die Puschen! Komm in Gang! Tu was! Trau dich, wag dich ins Leben! Beziehe Position! Wenn du dich klärst, gewinnst du Kraft und Profil. Du übernimmst die Initiative, stehst für dich ein. Du kommst in Fluss. Das ist ein wunderbares, die Lungen wieder blähendes Gefühl! Deshalb heißt die Devise: Raus aus dem Widerstand, hinein ins Leben!

Ein Quantum Leben

Viele Menschen sind beherrscht von dem, was *nicht* ist. Was ihnen *fehlt*, was sie *nicht* haben, nicht können, nicht bewältigen. Zwanghaft starren sie auf das, was ihnen das Leben vorenthielt. Was sie nicht bekamen von ihren Eltern. Was sie nicht hinbekamen in ihrem Leben. Angstvoll und wie gebannt schauen sie auf ihre *Unzulänglichkeiten und Fehler.* „Ich bin nicht gut genug! Ich kann es nicht! Ich kann mich so nicht zeigen!"

Es ist nicht nur der fehlende innere Halt und nicht nur der eigene Widerstand, der Menschen ausbremst; zu schaffen macht ihnen auch das Bewusstsein, zu versagen, und die Erfahrung, dass sie Fehler machen. Das mag sich zunächst lapidar anhören, weil Fehlermachen als menschlich gilt: „Wir machen alle Fehler!" Das ist ein Allgemeinplatz.

Aber so einfach ist es nicht. Die Gesellschaft, die Öffentlichkeit, auch der Partner verzeiht keineswegs alle Fehler, umso weniger dann, wenn die eigenen Erwartungen, Interessen und Überzeugungen davon berührt sind. Aber noch viel weniger verzeihen sich die Menschen selbst ihre Fehler.

Es ist das Nicht-Erfüllte, Nicht-Gelungene, das ihre Aufmerksamkeit verschlingt, das ihnen ihren Blick verstellt und ihren Lebensmut aufzehrt, ein Panoptikum des Unerledigten und Missratenen. Es sind die inneren Gespenster der Vergangenheit, die sie umstellen, die sie beäugen, die auf sie zeigen. Sie alle schütteln den Kopf und sagen: „Nein! Du bist kein gelungenes Projekt!"

Viele Menschen stehen deshalb *unter Druck*. Ihr Blutdruck treibt sie (nicht selten unerkannt) durchs Leben, ihr Muskeltonus verbietet ihnen sich zu entspannen und meldet sich durch rastlose Geschäftigkeit, aber auch durch nächtliche Unruhe, Schlafstörungen und durchwachte Nächte. Sie sind Gejagte. Sie kommen nicht zur Ruhe. Sie sind immer in Betrieb, gönnen sich keine Pause.

Und vielen wird das kaum bewusst, mehr, sie sind stolz darauf. Sie sind zum Beispiel stolz darauf, ein schneller Arbeiter zu sein, die Dinge ruckzuck wegzuschaffen, mehreres gleichzeitig zu erledigen, multi-tasking-fähig zu sein. Die Arbeitswelt hofiert solche Menschen, es fordert sie. Die Zeit-ist-Geld-Ideologie diktiert vielen Menschen den Lebensrhythmus.

Sie findet in jenen *inneren Antreibern* und Druckmachern, die Menschen schon aus Kindertagen in sich tragen, tiefe Verbündete. Mit gläubigen Ohren hören Menschen die altbekannte, immer neue Botschaft, die ihnen ohne Ende abfordert: „Sei stark! Sei perfekt! Beeil dich! Streng dich an! Bring Leistung! Mach's mir recht! Nur so kannst du unserer Anerkennung sicher sein."

Kann sein, jemand will das so. Kann sein, er stimmt dem zu und nimmt alle Folgen für sein Leben ganz bewusst in Kauf. Gäbe er sehenden Auges, wissend, was er tut, diesem Lebensmodell sein Jawort, dann wäre es gut. Dann hätte er keinen Grund, sich heimlich zu bekämpfen. Dann wird ihn auch kein unbewusster Widerstand blockieren. Und niemand hätte das Recht, daran zu kritisieren.

Doch allermeist ist es ganz anders. Die meisten Menschen sind Getriebene. Sie fühlen sich wie Teile einer lebensfeindlichen und mit der Zeit lebensbedrohlichen Maschinerie, die sie beherrscht, die wie automatisch nach ihnen greift. Erst wenn sie nicht mehr können, wird es ihnen bewusst. Nicht wie sie selber wollen, handeln sie. Nicht in eigener Regie treffen sie ihre Entscheidungen. Sie verhalten sich wie Marionetten in einem Spiel, das ihnen ihr Leben vordiktiert, das ihnen die Luft und die Lust nimmt und die Gesundheit raubt. Sie können sich dem Dauerdruck, auch wenn sie wollten, nicht entziehen.

Dieses Hochdruck-Leben lässt sich nur selten unbegrenzt durchhalten. Innere Widerstände und unerklärliche Antriebsschwankungen, plötzliche Krankheitsattacken oder unerwartete Fehlleistungen sind drohende Menetekel. Irgendwann verlangt das überforderte Leben seinen Tribut, irgendwann verweigern der Körper oder die Psyche ihren Dienst, setzen den Menschen matt. Viele wollen das nicht wahrhaben. Erst ein Herzinfarkt, ein Schlaganfall, ein Bandscheibenvorfall, ein Tinnitus, ein Burn-out muss her, ehe sie ahnen, dass ihr Lebenskonzept nicht stimmt. Und manchmal reicht selbst das nicht.

Aber Leben will und kann ganz anders. Es sagt Ja. Es ruft dir zu: „Du darfst und kannst leben! Erinnere dich! *Das Leben ist ein Fest des Möglichen.* Am Anfang wusstest du es noch.“

Das Leben erlaubt Fehler und Unschärfen. Es gestattet sie, ja mehr, es braucht sie. Es bringt unentwegt Mutationen hervor. Die meisten von ihnen sind unzulänglich, unnütz, manchmal schädlich. Aber ohne Mutationen gäbe es keine Entwicklung. Ohne Fehler kein Vorankommen. Fortwährend erzeugt das Leben Abweichungen. Im Lauf des Lebens werden sie, etwa bei der Zellerneuerung, immer sichtbarer. Das ist ein Merkmal des Lebendigen. Lebendiges produziert Ab- und Umwandlungen. Genau darin liegt seine größte Stärke, seine Anpassungsfähigkeit. *Lebendiges ist fehlerfreundlich.*

Die Botschaft ist deshalb ganz schlicht: Leben kann nur gedeihen, wo es freigelassen wird. Leben braucht *Spielräume für Fehler und Unzulänglichkeiten*. Und was für das Lebendige überhaupt gilt, gilt nicht anders für das menschliche Leben.

Also sei freundlich zu dir selbst! Sei dir selbst ein guter Vater, eine gute Mutter, gestatte dir, als wärest du ein kleines Kind, dass du nicht alles hinbekommst. Du bist nicht gut genug? Na und? Nimm dich unfertig! Nimm dich vorläufig!

Du wirst an allen Ecken und Enden feststellen, dass dein Engagement für das Leben nicht unbeschadet ist, nicht optimal, nicht kritikfrei. Du wirst merken, dass dein Leben nicht lebbar ist ohne Einschränkungen, nicht ohne Unschärfen, ohne Relativierungen und manchmal leider auch nicht ohne Rückschritte und faule Kompromisse. Legst du die Latte zu hoch, kannst du nicht drüberspringen.

Leben, damit es nicht an sich selbst scheitert und erstickt, braucht Unschärfen. Es braucht die Erlaubnis, Fehler zu machen. Denn das Menschliche ist nun einmal unzulänglich. Es braucht die Erlaubnis, Falsches zu tun, das Ziel nicht zu erreichen. Es braucht Ungenauigkeiten und Kompromisse. Die scharfe Elle der Fehlerfreiheit und des dauernden hohen Anspruchs, der optimalen Ergebnisse und der Perfektion, wird dem Leben nicht gerecht. Die Vorstellung, optimal zu sein, knechtet und geißelt das Leben, schnürt ihm die Luft ab. Leben kommt nicht aus ohne Abweichungen. Sonst würde es zum Dauerstress. Sonst wär sein Scheitern sein Programm.

Das Vollkommene kann man bestenfalls achten und verehren; viel mehr fürchtet man es aber. Nur das Unvollkommene ist liebenswert. Das Vollkommene knechtet den Menschen, das Unvollkommene setzt ihn frei. Das Vollkommene verleitet ihn zum Verdrängen dessen, was nicht passt. Das Unvollkommene ist freundlich, lässt zu, grenzt nicht aus, lädt ein.

Und nicht nur ich, der Einzelne, bin fehlerhaft. Alle betrifft es. Kein Lebender kommt aus ohne Fehler. Nur die Wege, es zu kaschieren, unterscheiden sich. Von manchen großen Geistern erfahren wir nur die beeindruckende Außenansicht; dahinter wohnt immer ein Mensch mit sehr menschlichen Einschränkungen und bisweilen wenig sympathischen Eigenschaften.

Aber authentisches Leben ist nicht glatt und makellos. Es besitzt Macken, Pickel und Schrunden. *Und die darf es auch haben.*

Kann sein, dass viele dem gerne zustimmen. Aber ich bin skeptisch. Äußerlich sagen sie ja, doch innerlich behalten sie ihr rigides Antreiber-

Programm bei. Fehler passieren immer, sagen sie (aber mir selber darf kein Fehler passieren). Natürlich braucht der Mensch Pausen (aber ich gönne mir keine). Selbstverständlich akzeptiere ich, wenn jemand krank wird und schlapp macht (aber ich halte durch). Und so fort. Mit einer Mischung aus Leidensdruck und Stolz bekennen sich manche dazu, sie seien „auch so ein Perfektionist" oder sie seien „ein Hochdruckarbeiter" und hätten heute wieder „ohne Pause durchgearbeitet" und dergleichen.

Die inneren Antreiber- und Verfolgersysteme sind harthörig und unnachgiebig. So leicht lassen sie sich nicht außer Kraft setzen. Unbarmherzig fordern sie ihren Tribut und wenden sich dabei gegen den Menschen selbst, aber auch gegen andere.

Menschen, die sich selbst so unter Erfolgsdruck setzen, werden gegenüber anderen oft unduldsam. Das, was sie sich selbst an Abweichung und Unschärfe nicht erlauben, kritisieren und verurteilen sie umso rigider an anderen.

Es ist eine alte und immer neue Erfahrung: Wer mit Emphase auf die Verfehlungen von anderen zeigt, hat selber Dreck am Stecken. Der Fanatiker bekämpft die eigene innere Unzulänglichkeit. Wer sich über andere entrüstet, überschreit die eigenen inneren Zweifel. Was haben wir nicht für schöne Beispiele dafür aus der Welt der Politik und der Prominenten!

Es ist schwer auszuhalten, dass es einen Unterschied gibt zwischen dem, was wir anderen von uns zeigen, und dem, was und wie wir sind. Das gilt keineswegs nur für Politiker. Leider trägt jeder seinen menschlichen Makel mit sich herum. Unter der Dusche unterscheiden wir uns nicht sehr.

Es ist schwer auszuhalten, dass auch den Kämpfern für das Gute, Wahre und Gerechte die Niederungen menschlicher Schwächen und Verfehlungen nicht fremd sind – auch wenn eine skandalhungrige Medienmeute so tut, als müssten die, die im öffentlichen Rampenlicht stehen, ohne Fehl und Tadel sein. Was für eine bigotte Heuchelei! Wer mit Fingern auf andere zeigt und mit dem Ton der Entrüstung die Splitter in den Augen anderer heranzoomt, lenkt ab vom Balken im eigenen Auge, wie es in der Bergpredigt heißt (Mt 7,3).

Menschen sind nicht fehlerfrei; der eine hier, der andre dort, mal sichtbar, mal versteckt. Menschen sind manchmal träge und faul, haben keine Lust. Menschen sind selbstvergessen, überheblich, böse – obgleich ihr innerer Antreiber das nicht gestattet. Menschen machen Fehler, lassen andere im Stich und verrennen sich. Menschen sind manchmal Ekel, gewissenlos und egoistisch. Und vieles andre mehr. Dann ist die Verlockung groß, die innere Gerichtsinstanz auf andere zu projizieren und deren Fehlverhalten besonders unnachgiebig anzuprangern. Je rigider mich meine inneren Moralwächter anklagen, desto weniger darf nach außen dringen, dass ich selber gegen sie verstoße; desto fanatischer fordere ich ihre Befolgung von anderen ein.

Ich selbst muss ohne Tadel sein. Ich zeige meine Sonnenseite, mein Lachgesicht. Ich finde aber vieles an mir gar nicht vorzeigbar. Das zeig ich nicht. Nach außen will ich allenfalls nur kleine Fehler eingestehen, nur die lässlichen Sünden bekennen. Als Außen-Blickfang zeig ich die Fassade frischgeputzt. Nach außen bediene ich all jene Erwartungen, die mir mein rigider Antreiber vorhält: Ich bin stark. Ich bin perfekt. Ich bin fix. Ich bin ohne Fehler. Ich mach's dir recht. Ich streng mich an. Ich bin toll. Man kann mir nichts nachsagen.

Welche Anstrengung! Was für ein unbarmherziges Konzept! So hört der Innendruck nicht auf. So bleibt das Leben auf der Strecke. So geht ihm irgendwann die Puste aus.

Leben, ich sag's noch einmal, ist anders. Leben ist leicht. Es ist eine einzige große Erlaubnis: „Du darfst! Du bist ein Kind des Lebens, des Großen Ganzen. Du bist „Gottes Kind". Du bist gut genug für das Leben."

Jeder Mensch hat im Kontext allen andren Lebens das Leben geschenkt bekommen, und es ist kostbar. Denn in ihm steckt das ganze Universum. Die ganze Kraft des Lebens findet er in sich selbst wieder. Dieses winzige Quantum Leben, das er sein eigenes nennen kann, enthält in sich die ganze Welt. Es verdient als Teil des Großen Ganzen alle Liebe.

So ist das Leben: es nimmt dich, wie du bist. Und so begegnet uns das Große Ganze, so redet „Gott" mit uns: „Du bist mir, wie du bist, willkommen. Schau auf das Ganze, lass dich ein auf das Fest des Lebens", wie es Rilke so schön beschrieb, auf die kindliche Fröhlichkeit des Möglichen, tanz mit ins Leben:

Du musst das Leben nicht verstehen

Du musst das Leben nicht verstehen,
dann wird es werden wie ein Fest.

Und lass dir jeden Tag geschehen
so wie ein Kind im Weitergehen
von jedem Wehen
sich viele <u>Blüten</u> schenken lässt.

Sie aufzusammeln und zu sparen,
das kommt dem Kind nicht in den Sinn.
Es löst sie leise aus den Haaren,
drin sie so gern gefangen waren,

und hält den lieben jungen Jahren
nach neuen seine Hände hin.

Und habe keine Angst! Das Leben ist nicht rigide. Es verlangt nicht von dir, dass du alles richtig machst. Es fängt immer neu mit dir an. Es folgt nicht einem inneren Anspruch, besonders gut zu sein. Es besitzt keinen inneren Plan zur Vervollkommnung und Erleuchtung. Es entwickelt sich einfach immer weiter.

Zwar nimmt es stets den Weg des Möglichen. Aber es benimmt sich ungeniert auch ungenau dabei. Es produziert ganz schamlos Ungenauigkeiten, Fehler, Abweichungen, Missbildungen, sogar Unnötiges und Nutzloses.

Denen, die sich nicht trauen, sich so zu zeigen, wie sie sind, die merken, wie sie immerfort an ihre Grenzen stoßen, die mit sich selbst im Streit liegen, die sich nicht mögen, die an ihren Unzulänglichkeiten scheitern, gelten diese Sätze: „Sag ja zu deinem Leben! Vertrau dem Leben! Mach Fehler! Fahr vor die Wand und suche einen neuen Weg. Mach es im nächsten Anlauf besser. Erlaub es deinem inneren Kind, erlaub es dir selbst. Lerne aus dem, was nicht gut geht, und finde einen neuen Weg.

Vertraue diesem Satz: Das Leben ist fehlerfreundlich. Es lädt dich ein auf sein dauerndes Fest und ruft dir zu: Mute dich zu, dir selbst und auch den anderen!"

Das Lebendige starrt nicht auf das, was nicht gelang; es folgt der *Lust des Möglichen*. Was geht, das geht. Was will, das kann und darf – wenn es denn geht und sich an anderem nicht stößt. Das Lebendige lässt sich nicht aufhalten, weil es immer nach vorn will. Es zieht immer neue Säfte. Es treibt immer neue Knospen, auch wenn alte Triebe es nicht schafften. Es will ans Licht. Es strömt den verlockenden Geruch von frischen Blüten aus.

„Carpe diem", sagte schon der römische Dichter Horaz, zu Deutsch: Pflück dir den Tag! Nutze deine Zeit! Sag ja zu deinem Leben, stimme ihm zu!

Schau nicht auf das, was nicht gelingt! Das Leben gibt dir die *Ermutigung zur Unvollkommenheit*, zu kleinen, nicht perfekten Schritten. Es ermächtigt dich, dir erreichbare Ziele zu setzen, die Hürden nur so hoch aufzubauen, dass du auch hinüberspringen kannst. Es gibt dir die Erlaubnis, auch das Fehlerhafte an dir mitzunehmen. Es ermutigt dich, zu sein, dich so zu dir zu bekennen, wie du bist. Nur so kann das Lebendige gedeihen.

Das Leben braucht den Mut zur Unschärfe, mehr: Das Leben braucht den *Mut zum Sündigen*.

So hat es der in inneren Kämpfen und Krämpfen bestens bewanderte Luther in seiner derben, klaren Sprache angeraten: „pecca fortiter", zu Deutsch: „sündige fröhlich!", nämlich: „Schau nicht auf das, was du *nicht* kannst, was du schuldig bist, sondern leg los, mach deine Fehler, brems dich nicht selber aus, freu dich des Lebens!" Und Luther fährt fort: „aber glaube umso kräftiger!", also: sei überzeugt, dass du (trotzdem) gehalten und getragen wirst vom Großen Ganzen, von „Gott".

So viele Menschen sind total in sich verschlungen. Ihr Darm rumort, doch darf sich nichts entwinden und ins Freie finden. „Aus dem verkniffenen Hintern fährt kein freier Furz", wie Luther drastisch formulierte. Der Mensch, er braucht den frischen Wind des Fahrenlassens.

Er braucht den Mut, nach vorn zu sehen, nach vorn zu gehen, in angemessenen, kleinen Schritten. Die Botschaft ist ganz einfach: „Geh voran! Schau auf das, was du bist und hast und kannst, was da ist, und tu, was in deiner Macht steht, mach daraus das Beste! Schau nicht auf das, was du noch nicht bewältigt hast, was dir fehlt, was du nicht hast! Verlieb dich ins Gelingen, nicht ins Scheitern!" wie Ernst Bloch es wunderbar formulierte.

Die meisten Menschen starren auf das, was *nicht* gut ist, was sie nicht hinbekommen – als würden sie noch immer unter den strengen Augen

des Vaters oder der Mutter leben. Stattdessen will
das Leben losziehen und leben.

Die Hoffnung sagt: Geh los

Du weißt es nie
schreit das verletzte Kind
Dann sagt die Hoffnung nur: Geh los

Es geht nicht gut
schreit das verletzte Kind
Dann sagt die Hoffnung nur: Geh los

Ich kann für mich nicht garantieren
schreit das verletzte Kind
Dann sagt die Hoffnung nur: Geh los

Ich fühle mich umklammert
schreit das verletzte Kind
Dann sagt die Hoffnung nur: Geh los

Ich fühle mich verraten
schreit das verletzte Kind
Dann sagt die Hoffnung nur: Geh los

Ich habe keinen der mich hält
schreit das verletzte Kind
Dann sagt die Hoffnung nur: Geh los

Ich bin nicht gut genug
schreit das verletzte Kind
Dann sagt die Hoffnung nur: Du bist
Geh los

Wie alles Leben braucht auch das menschliche, damit es sich entfalten kann, den Drang nach vorn, Erlaubnis, loszulegen. Das ist das Geheimnis seiner Kraft und Vielseitigkeit, seiner Flexibilität und Unverwüstlichkeit. Es ist das Ja, das Leben selbst als Botschaft in sich trägt und der auch dieses Buch gewidmet ist: Jetzt geht es los! Damit es Atem hat und blühen kann, braucht unser Leben Erlaubnisse. Und es gibt sie uns auch.

Wo immer es Raum findet, entwickelt und entfaltet sich das Leben. Ganz von selbst. Es richtet keine Verbotsschilder auf, sondern besteht aus immer neuen Möglichkeiten und Zusagen. Es ruft uns zu: „Du darfst! Du darfst! Gönn dir das Leben! Es ist davon da in Hülle und Fülle. Du bist ein Kind des Lebens. Nutze deine Möglichkeiten!" Sprich es dir vor wie ein Mantra: „Ich darf leben. Ich bin erwünscht. Ich darf Fehler machen. Ich darf mich zeigen, wie ich bin."

Brich endlich auf! Erhebe dich aus deinem Winterschlaf! Spürst du nicht selbst, wie's juckt und ruckt, wie's zieht und treibt? Richte dich auf, streck dich und dehn' dich und lass es Ostern werden. Das Leben ruft!

ANHANG:
Triadische Bekenntnisse zum Leben

(1)

Ich glaube,
dass ich mich,
verbunden über lange Ketten derer,
die mir vorangingen,
die je auf ihre Weise
das Leben weitertrugen,
Gott verdanke,
wie ich ihn verstehe,
der selbst das Leben ist und formt;
vom ersten Pulsschlag an
und alle Tage neu
betrachte ich mein Leben als Geschenk.

Ich glaube,
dass mir Gott,
wie ich ihn verstehe,
nahe ist wie Mutter oder Vater,
dass er mir mein Leben gibt,
nährend und mühsam, heiter und hart,
für mich zum Glück,
zum Guten und zum Bösen,
und dass er's auch wieder nimmt,
wie willkürliches Verhängnis,
manchmal wie ein Fluch,
doch allermeist zum Segen.

Ich glaube,
dass ich durch Gott,
wie ich ihn verstehe,
mit allem Lebendigen
geschwisterlich zusammengehöre,
in Liebe, Streit und Achtung;
mit der Natur, den Pflanzen und den Tieren,
den Menschen, hier und anderswo,
mit denen, die schon waren,
die sind und die noch kommen,
und dass wir alle
die gleichen Lebensrechte besitzen.

(2)

Ich glaube,
dass es Menschen gab
und immer geben wird,
berühmt gewordene
und auch ganz unbekannte, längst vergessene,
die eine Ahnung hatten
von der Weite, Größe, Kraft des Lebens
und davon zu erzählen wussten,
die sich von seiner Fülle mitgenommen fühlten
und überströmten von Liebe.
Einer von ihnen war vermutlich Jesus.
Ihm glaube ich.

Ich glaube,
dass es Menschen gab
und immer geben wird,
berühmt gewordene
und auch ganz unbekannte, längst vergessene,
die, einig mit dem Großen Ganzen,
sich dem Lebendigen verbunden wussten,
die ohne Angst nicht nur die Schönen, Starken,
Guten,
die auch die Unscheinbaren, Schwachen, Bösen
lieben.
Einer von ihnen war vermutlich Jesus.
Ihm glaube ich.

Ich glaube,
dass es Menschen gab
und immer geben wird,
berühmt gewordene
und auch ganz unbekannte, längst vergessene,
die, in sich fest
und unverführt von Selbstverliebtheit oder
Lebensangst,
von Machtgier und Machtlosigkeit,
die, frei von Helfer- oder Opferphantasien,
dem Leben liebend dienten.
Einer von ihnen war vermutlich Jesus.
Ihm glaube ich.

(3)

Ich glaube nicht, dass ein Gott ist,
der allmächtig wäre,
der die Geschicke der Welt steuert
und alles vorherweiß,
weil ich sonst nicht erklären könnte,
warum er seine Gaben
wie seine Schläge
ungleich und ungerecht verteilt.

Ich glaube nicht,
dass es einen Himmel gibt,
in dem am Ende abgerechnet wird,
der späte Gerechtigkeit schafft,
der die Frommen freundlich empfängt,
die Bösen aber verurteilt;
weil ich es als Hohn empfände,
dass es den Bösen manchmal gut
und den Guten schlecht geht.

Ich glaube nicht,
dass ein anderer Mensch,
und sei es der ungewöhnlichste und größte,
und auch kein Gott,
mir etwas abnehmen kann von meinem Leben
und gutmachen, was ich verfehlte;
weil ich überzeugt bin,
dass mir mein Leben
selbst aufgegeben ist.

(4)

Ich glaube und bin gewiss,
dass ich leben darf,
dass nichts mir
diese Würde nehmen kann,
dass „Gott",
wie ich ihn verstehe,
mir zuruft:
Du darfst leben. Du bist mir lieb.
Ich habe ein Auge auf dich.

Ich glaube und bin gewiss,
dass ich Fehler machen darf,
dass das Leben
immer neu mit mir anfängt,
dass „Gott",
wie ich ihn verstehe, mir zuruft:
Habe keine Angst. Komm wieder.
Fang wieder an.

Ich glaube und bin gewiss,
dass ich Frieden finde,
schon jetzt und hier,
dass es gut sein darf
bei dir, mein „Gott",
wie ich dich verstehe,
dass du mir zurufst:
ich bin bei dir, allezeit,
ich gehe mit.

VERZEICHNIS DER EIGENEN GEDICHTE